浙江省普通高校"十三五"新形态教材

高等院校新工科建设规划教材系列

高等院校创新型人才培养推荐教材

分析化学实验

Fenxi Huaxue Shiyan

主编 黄 凌 韩得满 厉凯彬

ZHEJIANG UNIVERSITY PRESS
浙江大学出版社

图书在版编目(CIP)数据

分析化学实验 / 黄凌,韩得满,厉凯彬主编. —杭州：浙江大学出版社，2022.4(2024.8 重印)
ISBN 978-7-308-22449-9

Ⅰ.①分… Ⅱ.①黄… ②韩… ③厉… Ⅲ.①分析化学—化学实验 Ⅳ.①O652.1

中国版本图书馆 CIP 数据核字（2022）第 047795 号

分析化学实验

黄　凌　韩得满　厉凯彬　主编

丛书策划	阮海潮(1020497465@qq.com)
责任编辑	阮海潮
责任校对	王元新
封面设计	周　灵
出版发行	浙江大学出版社
	（杭州天目山路 148 号　邮政编码 310007）
	（网址：http://www.zjupress.com）
排　　版	浙江时代出版服务有限公司
印　　刷	杭州高腾印务有限公司
开　　本	787mm×1092mm　1/16
印　　张	9.5
字　　数	238 千
版 印 次	2022 年 4 月第 1 版　2024 年 8 月第 3 次印刷
书　　号	ISBN 978-7-308-22449-9
定　　价	39.00 元

《分析化学实验》
编委会名单

序

　　近年来,各高等院校为提高实验教学质量,以创建国家、省、市级实验教学中心为契机,以创新实验教学体系为突破口,努力探索构建实验教学和理论课程紧密衔接、理论运用与实践能力相互促进的实验教学体系,并取得了一定成效。为适应高等教育的发展,台州学院于2004年将原归属于医药化工学院的化学、制药、化工、材料类各基础实验室和专业实验室进行多学科合并重组,建立了校级制药化工实验教学中心。实验中心于2007年获得了省级实验教学示范中心建设立项,又于2014年获得了"十二五"省级实验教学示范中心重点建设项目。在新一轮的建设中,以新工科建设为导向,打破了"以学科知识"设置相应实验课程的传统构架,在"专业基础实验→专业技能实验→综合应用实验→创新研究实验"四个实验层次(第一条主线)的基础上,穿插了"项目开发实验→生产设计实验→质量监控实验→工程训练实验→EHS管理实验"的实验教学体系(第二条主线),建立了"双螺旋"实验教学新体系。

　　第一条主线的实验教学体系中,专业基础实验模块旨在使各专业学生通过基础实验来理解和掌握必备的基础理论知识和基本操作技能。专业技能实验模块旨在使各专业学生通过实验来理解和掌握必备的专业理论知识和实验技能,然后在此基础上提升学生的专业基本技能。综合应用实验模块旨在使各专业学生在教师的指导和帮助下能自主地运用多学科知识来设计实验方案、完成实验内容、科学表征实验结果,进一步提高综合应用能力。创新研究实验模块旨在提高其综合应用能力和科学研究能力,着重培养学生创新创业的意识和能力。

　　第二条主线的实验教学体系增设面向企业新产品、新技术、新工艺开发以及高效生产、有效管理等的实验项目。项目开发实验、生产设计实验和工程训练实验旨在培养各专业学生运用已获得的实验技术和手段去解决工程实际问题,强化专业技能与工程实践的结合,突出创新创业能力和工程实践能力的培养。质量监控实验和EHS管理实验旨在通过专业技能与岗位职业技能的深度融合,培养各专业学生职业综合能力。

上述构建的实验教学体系经过几年的教学实践已取得了初步成效。为此，在浙江大学出版社的支持下，我们组织编写了这套适合高等教育本科院校化学、化学工程与工艺、制药工程、环境工程、生物工程、材料科学与工程、高分子材料与工程、精细化学品生产技术和科学教育等专业使用的系列实验教材。

本系列实验教材以国家教学指导委员会提出的《普通高等学校本科化学专业规范》中的"化学专业实验教学基本内容"为依据，按照应用型本科院校对人才素质和能力的培养要求，以培养应用型、创新型人才为目标，结合各专业特点，参阅相关教材及大多数高等院校的实验条件编写。编写时注重实验教材的独立性、系统性、逻辑性，力求将实验基本理论、基础知识和基本技能进行系统的整合，以利于构建全面、系统、完整、精练的实验课程教学体系和内容。在具体实验项目选择上除注意单元操作技术和安排部分综合实验外，更加注重实验在化工、制药、能源、材料、信息、环境及生命科学等领域的应用，以及与生产生活实际的结合；同时注重实验习题的编写，以体现习题的多样性、新颖性，充分发挥其在巩固知识和拓展思维方面的多种功能。部分教材在传统纸质教材的基础上，以二维码形式插入了丰富的操作视频、案例视频等数字资源，推出纸质和数字资源深度融合的"新形态"教材，增强了教材的表现力和吸引力，增加了学习的指导性和便捷性。

台州学院医药化工学院

前　言

　　本教材在高等院校制药化工材料类专业系列教材《基础实验Ⅲ(分析化学实验)》的基础上修订而成,为高等院校新工科建设规划系列教材之一。本教材共分2篇4章:第1篇主要介绍分析化学实验的基本要求与基本操作技术;第2篇选编了分析化学基本操作与验证性实验、应用性与综合性实验这两大方面的39个实验项目,涉及分析化学实验与近化类专业的工业分析实验项目等内容。在精选实验内容的前提下,本教材以二维码的形式插入了29个实验操作视频数字学习资源,采用"纸质教材＋数字化资源"的立体教材编写模式,方便使用者自主学习。

　　本教材由台州学院医药化工学院组织编写。参加本教材编写的有贾文平(第1、2章,实验28、29,实验习题和附录)、韩得满(实验19、20、30~33、35、38)、李芳(实验1~9、24)、黄凌(实验17、18、21~23、25、34、36、37)和裘端(实验10~16、26、27、39)等,厉凯彬、陈帝参加了部分操作视频的录制和剪辑工作,梁华定、潘富友参加了本教材编写大纲的制订和部分书稿的审定工作,张利龙、刘贵花、李嵘嵘等参加了本书部分实验的预试,全书由黄凌统稿并担任主编,由厉凯彬完成审校工作。

　　由于编者水平有限,书中难免有不当之处,敬请读者指正。

编　者

2022 年 4 月

目　录

第1篇　分析化学实验基础知识

第2篇　分析化学实验

第 1 篇
分析化学实验基础知识

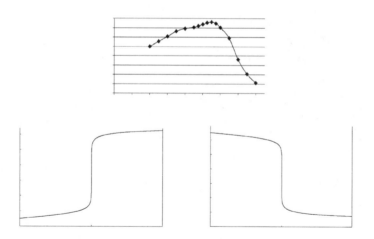

第1章　分析化学实验的基本要求

分析化学是一门实践性很强的学科。分析化学实验与分析化学理论教学紧密结合，是化学、化学工程与工艺、制药工程、高分子材料与工程、材料化学、环境工程、生物科学、生物工程、医学检验、科学教育、化学(师范)等专业的基础课程之一。

学生通过本课程的学习，可以加深对分析化学基本概念和基本理论的理解；正确和熟练地掌握分析化学实验的基本操作，学习分析化学实验的基本知识，掌握典型的分析化学实验方法；树立"量"的概念，运用误差理论和分析化学理论知识，找出影响实验结果准确度和精密度的主要因素，学会正确、合理地选择实验条件和实验仪器，科学处理实验数据，保证实验结果准确可靠；培养良好的实验习惯、实事求是的科学态度和严谨细致的工作作风；提高观察、分析和解决问题的基本能力，为学习后续课程和将来从事相关工作打下良好的基础。

分析实验不仅要求学生具备扎实的实验基础知识与实验室安全知识，同时还要熟悉实验用水的制备、常用试剂的使用与保存、分析天平的操作与样品(试剂)称量，掌握滴定分析、重量分析及分光光度法等基本操作技能。

1.1　实验的预习和准备

1. 按照预习要求，复习相关知识，明确实验目的，熟悉实验原理。

2. 草拟实验提纲，撰写预习报告。根据实验内容，简要列出实验程序与操作方法，不要照抄教材，要在理解的基础上将实验原理、内容、步骤进行提炼与简化。

3. 熟悉实验所需的仪器和试剂，做好必要的计算(如基准物质、试样等的所需量)。

4. 预先做好设计数据记录表格等工作，以便及时、如实记录数据和现象。

1.2　实验数据的记录及处理

定量分析的任务是准确测定试样中有关组分的含量。为了得到准确的分析结果，不仅要精确地进行各种测量，还要正确地记录实验数据和报告分析结果。分析结果的数据不但要能表达试样中待测组分的含量，还要能反映测量的准确度。因此，学会正确地记录实验数据、书写实验报告，是分析人员不可缺少的基本业务素质。

原始记录是科学实验最宝贵的第一手材料，应以实事求是的科学态度准确、客观地记录各项有关数据和现象，切忌夹杂主观因素。即使实验数据不理想，也只能认真地分析原因，绝不能伪造或拼凑数据。记录数据时应注意以下几点：

1. 数据要用钢笔或圆珠笔记录在专用记录纸上，不能使用铅笔，以免因模糊不清而造成失误。

2. 记录纸上要写明实验名称、实验日期、测定次数、实验数据、操作人及特殊仪器的型号和标准溶液的浓度等信息。

3. 数据记录要及时、清晰、真实和准确。记录纸上的每一个数据都是测量结果,平行测定时,即使得到完全相同的数据也应如实记录下来。如果数据要改动,应将错误数据用横线划去,并在其上方写出正确数字,不要在原来的数据上进行涂改。切忌夹杂主观因素,坚决杜绝随意拼凑和伪造数据等现象。

4. 注意有效数字位数。应根据测量仪器的性能和实验的具体要求,保留应有的有效数字,其数字的准确度要与分析仪器的准确度一致,如常量滴定管和吸量管的读数应记录至 0.01mL。

5. 实验结束后,应该对平行测定结果是否超出误差范围、是否需要重新测定等进行核对,准确无误后,对实验数据与误差进行必要的处理,得出合理的分析结果。

1.3 实验报告的撰写

实验报告是总结实验情况、分析实验现象、解释实验问题、归纳实验结果、锻炼学习能力、提高学术写作水平的不可缺少的实践性环节。独立撰写完整而规范的实验报告,是一名分析工作者必须具备的能力,也是处理实验数据、综合实验信息的能力的体现。因此,实验结束后,要及时按要求完成实验报告的撰写工作。

实验报告要反映"五要"原则,即术语要规范,表述要简明,字迹要清晰,报告要整洁,实验原理要简洁而无遗漏。实验报告的正文应包括以下几方面:

1. 实验目的。

2. 实验原理。例如,滴定分析实验的实验原理应包括滴定反应式、测定方法、测定条件、指示剂的选择与使用及终点现象等。

3. 主要仪器与试剂,包括特殊仪器的型号及标准溶液的浓度。

4. 实验内容。要按操作的先后顺序,用框图与箭头或文字对实验步骤进行简要表述。

5. 数据处理与结果。采用本书提供或自行设计的表格,清晰、规范地列出实验数据的处理结果,其中可以包括测定次数、测定结果及其平均值、相对平均偏差、结果计算式等内容。所有实验数据应使用法定计量单位。

6. 误差分析与讨论。分析误差产生的原因、实验中的注意事项、实验的改进措施等;同时,针对实验中出现的问题进行讨论,对实验方法、教学方法、实验内容等提出自己的意见或建议。

7. 实验思考题。为进一步了解学生对实验原理与方法的掌握程度,及时解决实验中出现的问题,学生对在预习过程中思考的问题及教材中所列的思考题可一并做出回答并写入实验报告。

1.4 实验成绩的评定

实验成绩的综合评定可参考五个方面进行:① 预习(5%);② 原始记录(10%);③ 实验操作(35%);④ 纪律与卫生(10%);⑤ 结果报告(占 40%)。

(贾文平)

第2章　分析化学实验的基本操作技术

2.1　滴定分析的主要仪器与基本操作

在滴定分析中,滴定管、容量瓶、移液管和吸量管是准确测量溶液体积的量器。通常,体积测量相对误差比重量测量要大。而分析结果的准确度是由误差最大的那项因素所决定的,因此必须准确测量溶液的体积以得到正确的分析结果。溶液体积测量的准确度不仅取决于所用量器是否准确,更重要的是取决于准备和使用量器是否正确。现将滴定分析常用器皿及其基本操作分述如下。

2.1.1　滴定管

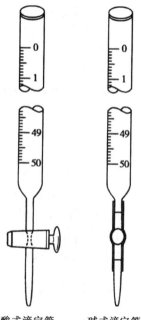

滴定管是滴定时用来准确测量自管内流出溶液体积的量器。它的主要部分——管身——是用细长而且内径均匀的玻璃管制成的,上面刻有均匀的刻度线,下端的流液口为一尖嘴,中间通过玻璃旋塞或乳胶管连接以控制滴定速度。常量分析用的滴定管标称容量为 50mL 和 25mL,最小刻度为 0.1mL,读数可估计到 0.01mL,一般有 ±0.02mL 的读数误差。

滴定管一般分为两种(图 2-1):一种是酸式滴定管,另一种是碱式滴定管。酸式滴定管的下端有玻璃活塞,可盛放酸液及氧化剂,不宜盛放碱液。碱式滴定管的下端连接一根橡皮管,内放一个玻璃珠,以控制溶液的流出,下面再连一个尖嘴玻璃管,可盛放碱液,而不能盛放酸或氧化剂等会腐蚀橡皮的溶液(如碘、高锰酸钾和硝酸银等溶液)。

还有一种滴定管为通用型滴定管(酸碱两用滴定管),其大都带有聚四氟乙烯旋塞,耐酸碱,可两用。

滴定管的使用方法为洗涤、装液、读数、滴定。

酸式滴定管　　碱式滴定管

图 2-1　滴定管

2.1.1.1　洗涤

使用滴定管前先用自来水洗,再用少量蒸馏水淋洗两三次,每次 5～6mL,洗净后,管壁上不应附有液滴,最后用少量滴定用的待装溶液洗涤 2 次,以免加入滴定管的待装溶液被蒸馏水稀释。

2-1 滴定管的洗涤和试漏

2-2 滴定管的装液

2.1.1.2　装液

将待装溶液加入滴定管中,直到"0"刻度线以上,开启旋塞或挤压玻璃球,把滴定管下端的气泡逐出,然后把管内液面的位置调节到"0"刻度线。排气的方法如下:如为酸式滴定管,可使溶液急速下流驱去气泡;如为碱式滴定管,则可将橡皮管向上弯曲,并在稍高于玻璃珠所在处用两手指挤压,使溶液从尖嘴口喷出,气泡即可除尽(图 2-2)。

2-3 滴定管排气泡

2.1.1.3 读数

常用滴定管的容量为 50mL,每一大格为 1mL,每一小格为 0.1mL,读数可读到小数点后两位。读数前,滴定管应保持竖直,静置 1min。对于无色或浅色溶液,视线应与管内液体弯月面的最低处保持水平,偏低或偏高都会带来误差(图 2-3);对于深色溶液(如 $KMnO_4$ 溶液),则视线应与液面两侧最高点相切。

图 2-2 碱式滴定管排气

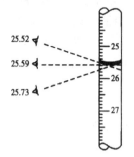

图 2-3 视线在不同位置得到的滴定管读数

2-4 滴定管的读数

2.1.1.4 滴定

滴定开始前,先把悬挂在滴定管尖端的液滴除去,滴定时用左手控制阀门,右手持锥形瓶,并不断旋摇,使溶液均匀混合(图 2-4)。将到滴定终点时,滴定速度要慢,要一滴一滴地滴入,防止过量,并且用洗瓶挤少量水淋洗瓶壁,以免有残留的液滴未起反应。最后,必须等滴定管内液面完全稳定后方可读数。

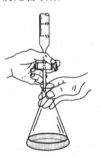

图 2-4 滴定操作

2.1.2 容量瓶

容量瓶是用来精确配制一定体积和一定浓度溶液的量器。如用固体物质配制溶液,应先将固体物质在烧杯中溶解,再将溶液转移至容量瓶中。转移时,要使玻璃棒的下端靠近瓶颈内壁,使溶液沿玻璃棒缓缓流入瓶中,再从洗瓶中挤出少量水淋洗烧杯及玻璃棒两三次,并将其转移到容量瓶中(图 2-5)。接近标线时,要用滴管慢慢滴加,直至溶液的弯月面与标线相切为止。塞紧瓶塞,用左手食指按住塞子,将容量瓶倒转几次直到溶液混匀为止(图 2-6)。容量瓶的瓶塞是磨口的,一般配套使用。

2-5 滴定操作

容量瓶不能久贮溶液,尤其是碱性溶液,因为它会侵蚀瓶塞使其无法打开,也不能用火直接加热及烘烤,使用完毕后应立即洗净容量瓶。如长时间不用,磨口处应洗净擦干,并用纸片将磨口隔开。

2-6 容量瓶的操作要领

图 2-5　溶液移入容量瓶

图 2-6　混匀操作

2.1.3　移液管

移液管用于准确移取一定体积的溶液。其通常有两种形状：一种移液管中间有膨大部分，称为胖肚移液管；另一种是直形的，管上有刻度，称为吸量管（又称刻度吸管）(图2-7)。

2-7 移液管的洗涤与润洗

移液管在使用前应洗净，并用蒸馏水润洗 3 遍。使用时，洗净的移液管要先用待吸取的溶液润洗 3 遍，以除去管内残留的水分。吸取溶液时，一般用左手拿洗耳球，右手把移液管插入溶液中吸取。当溶液吸至标线以上时，马上用右手食指按住管口，取出，微微移动食指或用大拇指和中指轻轻转动移液管，使管内液体的弯月面慢慢下降到标线处，立即压紧管口，把移液管移入另一容器(如锥形瓶)中，并使管尖与容器壁接触，放开食指让液体自由流出，流完后再等15s左右(图2-8)。残留于管尖内的液体不必吹出，因为在校准移液管时，未把这部分液体体积计算在内。

2-8 移液管的吸液与放液

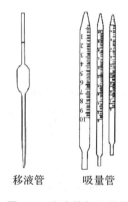

移液管　　吸量管

图 2-7　移液管与吸量管

吸液　　　放液

图 2-8　移液管的吸液与放液操作

使用吸量管时，应将溶液吸至最上刻度处，然后将溶液放出至适当刻度，两刻度之差即为放出溶液的体积。

2.2　重量分析的主要仪器与基本操作

2-9 吸量管的吸液与放液

重量分析包括挥发法、萃取法、沉淀法和电解法，其中以沉淀法的应用

第2章　分析化学实验的基本操作技术

最为广泛,在此仅介绍沉淀法的基本操作。沉淀法的基本操作包括:沉淀的进行,沉淀的过滤、洗涤、烘干或灼烧、称重等。为使沉淀完全、纯净,应根据沉淀的类型选择适宜的操作条件,对于每步操作都要细心地进行,以得到准确的分析结果。下面主要介绍沉淀的过滤、洗涤和转移的基础知识和基本操作。

2.2.1 沉淀的过滤

根据沉淀干燥方式的不同,沉淀过滤常用滤纸或玻璃砂芯滤器。当沉淀采用高温灼烧时,沉淀常用滤纸过滤;但若只是经干燥除去沉淀中的水分而恒重,宜用玻璃砂芯滤器,而不宜用滤纸(因为干燥滤纸易吸湿,重量不易恒定)。

2.2.1.1 玻璃砂芯滤器

重量分析常用的玻璃砂芯滤器是玻璃砂芯坩埚(图 2-9)或玻璃砂芯漏斗。玻璃砂芯坩埚或玻璃砂芯漏斗近底部有一层用玻璃粉烧结成的滤板。按滤板上微孔直径大小的不同玻璃砂芯滤器可分为 6 种规格(表 2-1)。重量分析时可根据沉淀的性状选用不同编号的滤器,最常用是 3 号或 4 号滤器,6 号可用于过滤细菌。

表 2-1 玻璃砂芯滤器编号与滤孔大小的对应关系

玻璃砂芯滤器编号	1	2	3	4	5	6
滤孔直径大小/μm	80～120	40～80	15～40	5～15	2～5	<2

使用玻璃砂芯坩埚或玻璃砂芯漏斗前应先将其洗净并在指定的温度下干燥至恒重。用玻璃砂芯漏斗过滤时,通常需用减压装置,如图 2-10 所示。而沉淀的洗涤和转移方法与下述用滤纸过滤的方法相同,最后使洗净的沉淀平铺于滤板上,并尽可能抽干,再进行下一步的干燥至恒重。

图 2-9 玻璃砂芯坩埚

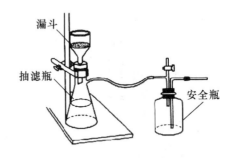

图 2-10 减压过滤装置

2.2.1.2 滤纸的选择、折叠与安放

定量滤纸又称无灰滤纸(每张滤纸的灰分在 0.1mg 以下或准确已知)。由沉淀量和沉淀的性质决定选用大小和致密程度不同的快速、中速和慢速滤纸。晶形沉淀多用致密滤纸过滤(中速和慢速);无定形沉淀要用疏松的滤纸(快速)。常用滤纸的直径为 7cm 和 9cm。由滤纸的大小选择合适的漏斗,

2-10 滤纸的折叠与安放

放入的滤纸应比漏斗沿低 0.5～1cm。

先将滤纸沿直径对折成半圆[图 2-11(1)]，再根据漏斗的角度的大小折叠[可以大于 90°，图 2-11(2)]。折好的滤纸，一个半边为三层，另一个半边为单层[图 2-11(3)]。为使滤纸的三层部分紧贴漏斗内壁，可将滤纸的上角撕下，并留作擦拭沉淀用。将折叠好的滤纸放在洁净的漏斗中，用手指按住滤纸，加蒸馏水至满，必要时用手指小心轻压滤纸，把留在滤纸与漏斗壁之间的气泡赶走，使滤纸紧贴漏斗并使水充满漏斗颈形成水柱，以加快过滤速度[图 2-11(4)]。

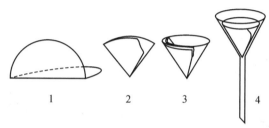

1   2   3   4

图 2-11　滤纸的折叠和安放

2.2.1.3　沉淀的过滤

一般多采用倾泻法过滤。如图 2-12 所示，将漏斗置于漏斗架上，接受滤液的洁净烧杯放在漏斗下面，使漏斗颈下端在烧杯边沿以下 3～4cm 处，并与烧杯内壁靠紧。先将沉淀倾斜静置，尽量不搅动沉淀，将上层清液小心倾入漏斗滤纸中，使清液先通过滤纸，而沉淀尽可能地留在烧杯中。操作时一手拿住玻璃棒，使之近乎竖直，玻璃棒位于三层滤纸上方，但不和滤纸接触。另一只手拿住盛沉淀的烧杯，烧杯嘴靠住玻璃棒，慢慢将烧杯倾斜，使上层清液沿着玻璃棒流入滤纸中，

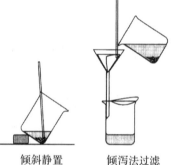

倾斜静置　　　　倾泻法过滤

图 2-12　倾斜静置和倾泻法过滤操作

随着滤液的流注，漏斗中液体的体积增加，至滤纸高度的 2/3 处，停止倾注（**切勿注满**）。停止倾注时，可沿玻璃棒将烧杯嘴往上提一小段，扶正烧杯；在扶正烧杯以前不可将烧杯嘴离开玻璃棒，并注意不让沾在玻璃棒上的液滴或沉淀损失；把玻璃棒放回烧杯内，但勿把玻璃棒靠在烧杯嘴部。

2-11 倾泻法过滤

2.2.2　沉淀的洗涤和转移

2.2.2.1　沉淀的洗涤

一般也采用倾泻法，为提高洗涤效率，按"少量多次"的原则进行，即加入少量洗涤液，充分搅拌后静置，待沉淀下沉后，倾泻上层清液，重复操作数次后，将沉淀转移到滤纸上。

2.2.2.2　沉淀的转移

在烧杯中加入少量洗涤液，将沉淀充分搅起，立即将悬浊液一次转移到

2-12 沉淀的洗涤和转移

第 2 章　分析化学实验的基本操作技术

滤纸中,然后用洗瓶吹洗烧杯内壁、玻璃棒,重复以上操作数次,这时在烧杯内壁和玻璃棒上可能仍残留少量沉淀,可用撕下的滤纸角擦拭,放入漏斗中。最后进行冲洗,方法如下:左手持烧杯倾斜着拿在漏斗上方,烧杯嘴向着漏斗。用食指将玻璃棒横架在烧杯口上,玻璃棒的下端向着滤纸的三层处,用洗瓶吹出洗液,冲洗烧杯内壁,沉淀连同溶液沿玻璃棒流入漏斗中(图2-13)。

沉淀全部转移完后,再在滤纸上进行洗涤,以除尽全部杂质。注意:在用洗瓶冲洗时是自上而下螺旋式冲洗(图2-14),以使沉淀集中在滤纸锥体最下部,重复多次,直至检查无杂质为止。

图2-13 沉淀的转移操作

图2-14 在滤纸上洗涤沉淀

2.2.3 沉淀的干燥、灼烧与恒重

2.2.3.1 沉淀的干燥

1.干燥器

干燥器是一种保持物品干燥的玻璃器皿,内盛干燥剂,使物品不受外界水分的影响,常用于放置坩埚或称量瓶。干燥器内有一个带孔白瓷板,瓷板下面放置适量干燥剂。干燥器盖边沿的磨砂部分应涂上一层凡士林,这样可以使盖子密合而不漏气。由于涂有凡士林,在开启干燥器时,应用双手分持盖与底,慢慢推开,如图2-15所示。

搬移方法

开启方法

图2-15 搬移及打开干燥器的方法

2.干燥与恒重

测定样品失重或干燥沉淀的重量时,都须干燥至恒重。盛装样品或沉淀的器皿(如称

量瓶或玻璃砂芯坩埚等)应事先干燥至恒重并记录重量后方能使用,且器皿的干燥温度必须与被测物的干燥温度相同,每次在干燥器中放冷的时间也应当一致。样品或沉淀应铺成薄层,以利干燥。

通常在电热恒温干燥箱中加热干燥,温度应根据测定方法要求预先调节控制。干燥箱温度的可调范围一般不超过250℃或300℃。需要干燥至恒重的空器皿或有内容物的器皿,在指定的温度下加热一定时间后,立即移入干燥器内,密闭条件下冷却20~30min,随即取出称量,并记录重量。然后再以同样温度加热一定时间,如上重复操作并称量一次。若两次称量所得重量之差超过恒重的要求(一般为0.3mg),则需继续重复操作,直至连续两次称量的差值不超过规定的范围即为恒重。

2.2.3.2 沉淀的炭化与灰化

沉淀洗涤干净后,将漏斗上的沉淀连同滤纸取下,摊平成半圆,将沉淀裹成小圆柱包(图2-16)后,放入已恒重的坩埚(**注意:滤纸层数较多的部分朝上,以利滤纸的灰化**)中做进一步的炭化与灰化操作。

2-13 沉淀的包裹

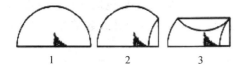

1   2   3   4   5

图2-16 沉淀的包裹

将盛放有沉淀滤纸包的坩埚放在泥三角或电炉上,用小火缓慢加热以除去其中的水分。烤干后,应先在电炉或火焰上用较低的温度加热进行干燥[图2-17(a)],也可用灯焰小火在坩埚底部加热[图2-17(b)],将火焰移向坩埚底部,小火加热至滤纸逐渐变为炭黑(炭化)。炭化过程须防止样品或滤纸着火燃烧,如火焰温度过高使滤纸燃烧,应立即移去火焰,加盖密闭坩埚即可使火熄灭(**注意:切勿用嘴吹熄,以防沉淀散失**)。待滤纸全部炭化后,加大火焰,并不时地用坩埚钳旋转坩埚,直至炭黑完全灰化为止。

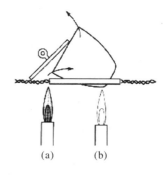

(a)   (b)

图2-17 沉淀在坩埚中的干燥(a)和炭化(b)

在干燥过程中,加热不可太急,否则坩埚遇水容易破裂,同时沉淀中的水分也会因猛烈汽化而将沉淀冲出。

2.2.3.3 沉淀的灼烧

将残渣或沉淀变成称量形式都需经过灼烧并要求恒重。灼烧常用的容器为坩埚,所用坩埚须预先用相同条件灼烧至恒重,记录坩埚重量后使用。灼烧温度一般在500℃以上,可在煤气灯或喷灯上灼烧,也可在高温电炉(马弗炉)中灼烧。高温电炉一般有温度调控器,用以控制灼烧温度,最高温度可达1000℃左右。

在煤气灯或喷灯上灼烧时,样品灰化后,将坩埚竖直,加大火焰,灼烧一定时间(如$BaSO_4$沉淀约灼烧15min,Al_2O_3沉淀约灼烧30min),然后逐渐减小火焰,最后熄灭。让坩埚在空气中稍冷至用手背靠近坩埚有微热感觉时,用坩埚钳将坩埚转移至干燥器中,放

第2章 分析化学实验的基本操作技术

置一定时间(一般为 30min),冷至室温称量。重复灼烧操作至恒重。

若用高温电炉灼烧,应在灰化后用特制的长柄坩埚放入高温电炉内,加盖以防止污物落入坩埚。恒温加热一定时间后,先将电源关闭,然后打开炉门,将坩埚移至炉口附近,取出后放在石棉网上,在空气中冷至微热时移入干燥器中,冷却至室温后称重,重复上述步骤直至恒重。

2.3 分光光度法的主要仪器与基本操作

分光光度法是基于物质的分子或离子对入射光的选择性吸收来实现对物质的组成进行分析的一类方法,涉及的基本仪器主要是分光光度计。

2.3.1 分光光度计

目前常见的可见光分光光度计的类型有 721 型和 722 型。仪器由光源、分光系统、测量系统和接收显示系统组成。光源灯由电子稳压装置供电;分光系统是仪器的核心,由狭缝、准直镜和棱镜(或光栅)组成;测量系统由推拉架、比色皿架和暗室组成;测量系统测得的信号由光电管接收,经电子线路放大,再由表头以指针或数字方式显示出来。仪器的主体结构如图 2-18 和图 2-19 所示。

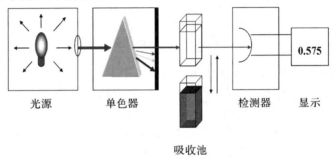

图 2-18 单波长单光束分光光度计结构示意图

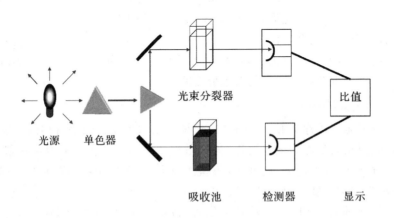

图 2-19 单波长双光束分光光度计结构示意图

2.3.2 分光光度计的基本操作

2.3.2.1 基本操作规程

1.接通电源，打开仪器开关，掀开样品室暗箱盖，预热 10min。

2.将灵敏度开关调至"1"挡（若零点调节器调不到"0"，则需选用较高挡）。

3.根据所需波长转动波长选择旋钮至确定波长值。

4.将空白液及测定液分别倒入比色杯的 2/3 处，用擦镜纸擦干外壁，放入样品室内，使空白液对准光路。

5.在暗箱盖开启的状态下调节零点调节器，使读数盘指针指向 $T=0$ 处。

6.盖上暗箱盖，调节"100"调节器，使空白液的 $T=100$，指针稳定后逐步拉出样品滑杆，分别读出测定液的吸光度值，并记录。

7.测定完毕，关上电源，取出比色皿，洗净，样品室用软布或软纸擦净。

2-14 722 型
分光光度计
操作示范

2.3.2.2 使用时的注意事项

1.分光光度计必须放置在不会震动的仪器台上，严防震动、潮湿和强光直射。

2.比色皿盛液量以达到其容积 2/3 左右为宜。若不慎将溶液流到比色杯的外表面，则必须先用滤纸吸干，再用擦镜纸擦净；移动比色皿架时要轻，以防溶液溅出，腐蚀机件。

3.不可用手拿比色皿的透光面，禁止用毛刷等物摩擦比色皿的透光面。

4.比色皿用完后应立即用自来水冲洗，再用蒸馏水洗净；若用上法洗不净，则可用 5％的中性皂溶液浸泡，也可用新配制的洗液短时间浸泡，之后立即用水冲洗干净。

5.一般应把溶液浓度尽量控制在吸光度值 0.15～0.80 的范围内进行测定（读数误差较小），如果吸光度不在此范围内，可适当调节比色液浓度。

（贾文平）

第2章 分析化学实验的基本操作技术

第 2 篇
分析化学实验

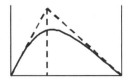

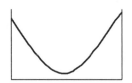

第3章　基本操作与验证性实验

实验1　容量仪器的校准

一、实验目的

1.了解容量仪器校准的意义和方法。
2.初步掌握移液管的校准方法和容量瓶与移液管间相对校准的操作方法。
3.初步掌握滴定管、移液管的使用方法。

二、实验原理

测量容积的基本单位是升(L)。1L 是指真空中 1kg 的水在最大密度(3.98℃)时所占的体积,即在 3.98℃和真空中称得的水的质量(以克表示),在数值上等于它以毫升表示的体积数。但在实际分析中,容器中水的质量是在室温及空气中称重的,因此必须从以下三个方面进行校准:①由于空气浮力使质量改变的校准;②由于水的密度随温度而改变的校准;③由于玻璃容器本身的容积随温度而改变的校准。

现将 20℃容量为 1mL 的玻璃容器在不同温度时所对应的盛水质量列于表 3-1,利用此表可方便地对容量仪器进行校准。

表 3-1　不同温度下水的密度

$t/℃$	$\rho_t/(g \cdot mL^{-1})$	$t/℃$	$\rho_t/(g \cdot mL^{-1})$	$t/℃$	$\rho_t/(g \cdot mL^{-1})$
5	0.99853	14	0.99804	23	0.99655
6	0.99853	15	0.99792	24	0.99634
7	0.99852	16	0.99778	25	0.99612
8	0.99849	17	0.99764	16	0.99588
9	0.99845	18	0.99749	27	0.99566
10	0.99839	19	0.99733	28	0.99539
11	0.99833	20	0.99715	29	0.99512
12	0.99824	21	0.99695	30	0.99485
13	0.99815	22	0.99676		

容量仪器的校准常采用称量法,首先称量被校准容器容纳或放出纯水的质量,然后按其密度换算成 20℃的标准容积。

三、预习要求

1.容量仪器校准的意义。

2.容量瓶与移液管间相对校准的基本操作技术。

3.分析天平、滴定管、移液管的基本使用方法。

四、仪器与试剂

仪器:移液管(25mL);容量瓶(250mL);酸式滴定管(50mL);磨口锥形瓶(50mL);温度计;烧杯(250mL 或 500mL);分析天平。

试剂:蒸馏水。

五、实验内容

1.滴定管的校准

将欲校准的滴定管洗净,加入与室温达平衡的蒸馏水(可事先用烧杯盛蒸馏水,放在天平室内,杯中插有温度计,以测量水温),调液面至"0.00"刻度线处,记录水温及滴定管中水面(弯月面)的起始读数。

称量 50mL 磨口锥形瓶(外部保持洁净及干燥)的质量,再以正确操作由滴定管中放出 10.00mL 水于磨口锥形瓶中(勿将水滴在磨口上)并盖紧,称量。两次称量值之差即为滴定管中放出的水的质量。

用同样方法测得滴定管 0.00~20.00、0.00~30.00、0.00~40.00、0.00~50.00 刻度间放出的水的质量。根据校准温度 t 的密度,计算出滴定管所测各段的真正容积。

称量时准确至 0.01g。每段重复一次,两次校准值之差不得超过 0.02mL,结果取平均值。

2.移液管的校准

将 25mL 移液管洗净,装入已测温度的蒸馏水,调节管内水的高度至标线后,将水放至已称重的锥形瓶中,并称其总质量,两次质量之差即为水的质量 m_t。从表 3-1 中查出该温度下水的 ρ_t,即可求出真实容积。重复一次,两次校准值之差不得超过 0.02mL。

3.容量瓶的校准

用已校准的移液管进行间接校准。用 25mL 移液管移取蒸馏水至洗净且干燥的容量瓶(250mL)中,移取 10 次后,仔细观察溶液弯月面是否与原标线相切,如果不相切,则需另做一新的标线。由移液管的真正容积可知容量瓶的容积(至新标线)。经相对校准后的移液管和容量瓶应配套使用。

【思考题】

1.为什么玻璃仪器都按 20℃体积刻度?

2.分段校准滴定管时,为什么每次放出的水都要从"0.00"刻度线开始?

3.某 100mL 容量瓶,校准体积低于标线 0.50mL,此体积相对误差为多少?分析试样时,称取试样 1.000g,溶解后定量转入此容量瓶中,移取试液 25.00mL 测定。问:测定所用试样的称样误差为多少?相对误差是多少?

六、数据记录与处理

将滴定管校准的实验数据填入表格中。

校准温度 t 下水的密度 $\rho_t = \underline{\qquad}$ g·mL^{-1}

滴定管放出水的间隔读数/mL			放出水的质量/g			真正容积/mL	校准值/mL
V(起始)	V(放水后)	$V=V$(放水后)$-V$(起始)	m(瓶)	m(瓶+水)	m(水)	$V_t=m$(水)$/\rho_t$	V_t-V

（李　芳）

实验 2　酸碱标准溶液的配制与标定

一、实验目的

1. 学会配制标准溶液和用基准物质来标定标准溶液浓度的方法。
2. 熟练掌握容量瓶、移液管及滴定管的使用方法。
3. 初步掌握滴定操作及滴定终点的判断。

二、实验原理

浓盐酸溶液易挥发。固体 NaOH 容易吸收空气中的水分和 CO_2，易使溶液中含有少量 Na_2CO_3。

$$2NaOH + CO_2 =\!=\!= Na_2CO_3 + H_2O$$

因此，HCl 和 NaOH 标准溶液不能采用直接配制法来配制，应先配制成近似浓度的溶液，再用基准物质来标定其准确浓度。也可以用另一已知准确浓度的标准溶液滴定该溶液，根据两标准溶液的体积求得该溶液的浓度。

用经过标定的含有碳酸盐的标准碱溶液来标定酸的浓度时，若使用与标定时相同的指示剂，则对测定结果无影响；但若使用不同的指示剂，则会产生一定的误差。因此，应配

第3章　基本操作与验证性实验

制不含碳酸钠的标准碱溶液。

配制不含 Na_2CO_3 的标准 $NaOH$ 溶液的方法很多，最常见的是用 $NaOH$ 的饱和水溶液（120∶100）配制。Na_2CO_3 在饱和 $NaOH$ 溶液中不溶解，待 Na_2CO_3 沉淀后，量取一定量上层澄清溶液，再稀释到指定浓度，即可得到不含 Na_2CO_3 的 $NaOH$ 溶液。配制 $NaOH$ 溶液的蒸馏水应先加热煮沸以除去 CO_2，待冷却后使用。

标定 $NaOH$ 溶液时，基准物质可以是草酸（$H_2C_2O_4 \cdot 2H_2O$）或邻苯二甲酸氢钾（$HOOCC_6H_4COOK$）等。常用邻苯二甲酸氢钾进行标定，其滴定反应如下：

在计量点时，由于弱酸盐的水解，溶液呈微碱性，应采用酚酞作指示剂。

根据滴定消耗的 $NaOH$ 溶液的体积，由下式计算 $NaOH$ 标准溶液的浓度：

$$c(NaOH) = \frac{m(HOOCC_6H_4COOK)}{M(HOOCC_6H_4COOK)V(NaOH)}$$

式中：$c(NaOH)$ 为 $NaOH$ 标准溶液的浓度，单位为 $mol \cdot L^{-1}$；$m(HOOCC_6H_4COOK)$ 为邻苯二甲酸氢钾基准物质的质量，单位为 g；$M(HOOCC_6H_4COOK)$ 为邻苯二甲酸氢钾的摩尔质量，单位为 $g \cdot mol^{-1}$；$V(NaOH)$ 为滴定所消耗的 $NaOH$ 溶液的体积，单位为 L。

标定 HCl 溶液常用的基准物质是无水 Na_2CO_3 或硼砂（$Na_2B_4O_7 \cdot 10H_2O$）。无水 Na_2CO_3 易制得纯品，价格便宜，但吸湿性强，使用前应在 $500 \sim 600 \, ℃$ 下干燥至恒重。其标定反应方程式如下：

$$Na_2CO_3 + 2HCl == 2NaCl + CO_2 \uparrow + H_2O$$

在计量点时，溶液为 $pH = 3.9$ 的 H_2CO_3 饱和溶液，pH 突跃范围为 $3.5 \sim 5.0$，可用甲基橙或甲基红-溴甲酚绿混合指示剂指示终点。临近终点时应将溶液剧烈摇动或加热，以减小 CO_2 的影响。

根据 Na_2CO_3 的质量和滴定所消耗的 HCl 溶液的体积，按下式计算 HCl 溶液的浓度：

$$c(HCl) = \frac{2m(Na_2CO_3)}{M(Na_2CO_3)V(HCl)}$$

式中：$c(HCl)$ 为 HCl 标准溶液的浓度，单位为 $mol \cdot L^{-1}$；$m(Na_2CO_3)$ 为碳酸钠基准物质的质量，单位为 g；$M(Na_2CO_3)$ 为碳酸钠的摩尔质量，单位为 $g \cdot mol^{-1}$；$V(HCl)$ 为滴定所消耗的 HCl 溶液的体积，单位为 L。

硼砂有较大的相对分子质量，称量误差小，无吸湿性，也易制得纯品，其缺点是在空气中易风化失去结晶水。其标定反应为

$$Na_2B_4O_7 + 2HCl + 5H_2O == 4H_3BO_3 + 2NaCl$$

在计量点时，溶液为 $pH = 5.1$ 的 H_3BO_3 水溶液，可选用甲基红指示终点，溶液颜色由黄变红，变色较为明显。

根据硼砂的质量和滴定时所消耗的 HCl 溶液的体积，由下式计算 HCl 溶液的浓度：

$$c(HCl) = \frac{2m(Na_2B_4O_7 \cdot 10H_2O)}{M(Na_2B_4O_7 \cdot 10H_2O)V(HCl)}$$

式中：$c(HCl)$ 为 HCl 标准溶液的浓度，单位为 $mol \cdot L^{-1}$；$m(Na_2B_4O_7 \cdot 10H_2O)$ 为

$Na_2B_4O_7 \cdot 10H_2O$ 基准物质的质量，单位为 g；$M(Na_2B_4O_7 \cdot 10H_2O)$ 为硼砂的摩尔质量，单位为 $g \cdot mol^{-1}$；$V(HCl)$ 为滴定所消耗的 HCl 溶液的体积，单位为 L。

三、预习要求

1. 酸碱滴定的基本原理、滴定突跃、酸碱指示剂的选择及确定终点的方法。

2. 标准溶液的配制及标定方法。

3. 容量器皿、分析天平的使用方法及减量法称取固体物质的操作。

四、仪器与试剂

仪器：分析天平；台秤；容量瓶（250mL）；移液管（25mL）；酸、碱式滴定管（50mL）；锥形瓶（250mL）；量筒（10mL、50mL）；试剂瓶；烧杯；细口瓶（500mL）等。

试剂：氢氧化钠（固体）；邻苯二甲酸氢钾（分析纯，于 110~120℃ 干燥 1h 后放入干燥器中备用）；酚酞指示剂（0.2%，乙醇溶液）；浓盐酸（相对密度 1.19）；无水 Na_2CO_3（分析纯，于 500~600℃ 的烘箱内干燥至恒重，置于干燥器内冷却后备用）；硼砂（分析纯，置于有 NaCl 和蔗糖的饱和溶液的干燥器内保存，以使相对湿度为 60%，防止失去结晶水）；甲基橙指示剂（0.1%）；甲基红指示剂（0.2%，乙醇溶液）。

甲基红-溴甲酚绿混合指示剂：将 0.2% 甲基红的乙醇溶液与 0.1% 溴甲酚绿的乙醇溶液以 1∶3 的体积比相混合。

材料：NaOH 溶液（$0.1mol \cdot L^{-1}$）；HCl 溶液（$0.1mol \cdot L^{-1}$）。

五、实验内容

1. NaOH 溶液的配制

（1）NaOH 饱和水溶液的配制　取 NaOH 120g，加蒸馏水 100mL，使溶成饱和溶液。冷却后，置塑料瓶中，静置数日，澄清后，作储备液。

（2）$0.1mol \cdot L^{-1}$ NaOH 溶液的配制　量取 2.8mL NaOH 饱和溶液的上层清液于 500mL 细口瓶中，加新煮沸过的冷蒸馏水稀释至 500mL，摇匀，贴上标签。

3-1 邻苯二甲酸氢钾标准溶液的配制

2. 邻苯二甲酸氢钾基准物质溶液的配制

准确称取 5.0~5.5g 在 105~110℃ 干燥至恒重的邻苯二甲酸氢钾，溶于少量的新煮沸过的冷蒸馏水中，然后转移至 250mL 容量瓶中，再用新煮沸过的冷蒸馏水稀释至刻度，供标定 NaOH 溶液用。

3. NaOH 溶液浓度的标定

用移液管平行移取 25.00mL 邻苯二甲酸氢钾溶液 3 份，置于洗净的锥形瓶中，加酚酞指示剂 2 滴，用待标定的 $0.1mol \cdot L^{-1}$ NaOH 溶液滴定至溶液呈浅粉色，且 30s 不褪色为终点，记录所耗用的 NaOH 溶液的体积。计算 NaOH 溶液的准确浓度并写在标签上。标定好的 NaOH 溶液应妥善保存，供以后测定用。

3-2 NaOH 溶液浓度的标定和终点判断

4. HCl 溶液浓度的标定

（1）$0.1 mol \cdot L^{-1}$ HCl 溶液的配制　用小量筒量取浓盐酸 4.5mL，倒入预先盛有适量水的试剂瓶中（于通风柜中进行），加水稀释至 500mL，摇匀，贴上标签。

（2）用无水 Na_2CO_3 基准物质标定　用减量法准确称取 $0.15\sim0.20g$ 无水 Na_2CO_3 3 份，分别置于 250mL 锥形瓶中。用称量瓶称样时一定要盖盖，以免吸湿。然后加入 $20\sim30$mL 水使之溶解，再加入 $1\sim2$ 滴甲基橙指示剂，用待标定的 HCl 溶液滴定至溶液的黄色恰变为橙色即为终点，计算 HCl 溶液的浓度。

3-3 HCl 溶液浓度的标定和终点判断

（3）用硼砂基准物质标定　用减量法准确称取硼砂 $0.4\sim0.6g$ 3 份，分别置于 250mL 锥形瓶中，加蒸馏水 50mL 使之溶解，加入 2 滴甲基红指示剂，用待标定的 HCl 溶液滴定至溶液由黄色恰变为浅红色即为终点，计算 HCl 溶液的浓度。

【注意事项】

1. 滴定管在装满前，需用待装溶液润洗滴定管内壁 3 次，以免改变标准溶液的浓度。

2. 滴定前应检查碱式滴定管橡皮管内和滴定管管尖是否有气泡，如有气泡应排除。

3. 在每次滴定结束后，应将标准溶液加至滴定管零刻度，再开始下一份溶液的滴定，以减小误差。

【思考题】

1. 配制标准碱溶液时，直接用台秤称取固体 NaOH 是否会影响溶液浓度的准确度？能否用纸称取固体 NaOH？为什么？

2. 如何正确地使用容量瓶和滴定管？用于滴定的锥形瓶是否需要干燥？是否要用标准溶液润洗？为什么？

3. 配制 500mL $0.10 mol \cdot L^{-1}$ HCl 溶液，应量取市售浓 HCl 溶液多少毫升？用量筒还是用吸量管量取？为什么？

4. 分别以硼砂、无水碳酸钠为基准物质标定 $0.10 mol \cdot L^{-1}$ HCl 溶液时，实验原理如何？选用何种指示剂？为什么？颜色如何变化？

5. 能否采用已知准确浓度的 NaOH 标准溶液标定 HCl 溶液浓度？应选用哪种指示剂？为什么？滴定操作时哪种溶液置于锥形瓶中？应如何移取 NaOH 标准溶液？

六、数据记录与处理

将读数与计算结果填入表格中。

1. NaOH 溶液浓度的标定

	1	2	3
$m(KHC_8H_4O_4)$/g			
$M(KHC_8H_4O_4)$/(g·mol^{-1})			
$V_{初}(NaOH)$/mL			

	1	2	3
$V_{末}(NaOH)/mL$			
$V(NaOH)=[V_{末}(NaOH)-V_{初}(NaOH)]/mL$			
$c(NaOH)/(mol \cdot L^{-1})$			
$\bar{c}(NaOH)/(mol \cdot L^{-1})$			
相对平均偏差/%			

2. HCl 溶液浓度的标定

	1	2	3
$m(Na_2CO_3)/g$			
$M(Na_2CO_3)/(g \cdot mol^{-1})$			
$V_{初}(HCl)/mL$			
$V_{末}(HCl)/mL$			
$V(HCl)=[V_{末}(HCl)-V_{初}(HCl)]/mL$			
$c(HCl)/(mol \cdot L^{-1})$			
$\bar{c}(HCl)/(mol \cdot L^{-1})$			
相对平均偏差/%			

（李　芳）

实验 3　纯碱中 Na_2CO_3 和 $NaHCO_3$ 含量的测定

一、实验目的

1. 了解强碱弱酸盐滴定过程中 pH 的变化。

2. 基本掌握移液管及滴定管的使用方法。

3. 掌握分析天平的使用以及减量法称取固体试样的方法。

4. 了解双指示剂法测定纯碱中各组分的原理和方法。

二、实验原理

工业纯碱的主成分为 Na_2CO_3,其中含有少量的 $NaHCO_3$ 等成分。通常采用 HCl 标准溶液测定其总碱度来衡量产品的质量。利用双指示剂法测定混合碱中的 Na_2CO_3 和 $NaHCO_3$,滴定所使用的指示剂是酚酞和溴甲酚绿-二甲基黄。其基本原理与滴定过程如下(图 3-1):

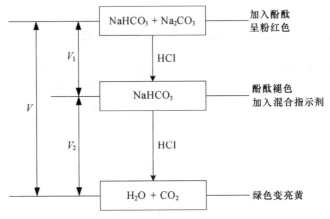

图 3-1　滴定反应过程

$$Na_2CO_3 + HCl =\!=\!= NaCl + NaHCO_3$$
$$NaHCO_3 + HCl =\!=\!= NaCl + CO_2 \uparrow + H_2O$$

滴定至终点后,混合碱中 Na_2CO_3 和 $NaHCO_3$ 的含量按以下两式进行计算:

$$w(Na_2CO_3) = \frac{c(HCl)V_1 M(Na_2CO_3)}{m_s} \cdot 100\%$$

$$w(NaHCO_3) = \frac{c(HCl)(V_2 - V_1)M(NaHCO_3)}{m_s} \cdot 100\%$$

式中:$w(Na_2CO_3)$ 和 $w(NaHCO_3)$ 分别为试样中碳酸钠、碳酸氢钠的质量分数;$c(HCl)$ 为 HCl 标准溶液的浓度,单位为 $mol \cdot L^{-1}$;V_1 为滴定至第一终点时所消耗的 HCl 标准溶液的体积,单位为 L;V_2 为滴定至第二终点时,两终点间所消耗的 HCl 标准溶液的体积,单位为 L;$M(Na_2CO_3)$ 为碳酸钠的摩尔质量,单位为 $g \cdot mol^{-1}$;$M(NaHCO_3)$ 为碳酸氢钠的摩尔质量,单位为 $g \cdot mol^{-1}$;m_s 为所取工业纯碱试样的质量,单位为 g。

三、预习要求

1.强酸滴定弱碱的基本原理、酸碱指示剂的选择及滴定终点的确定、双指示剂法测定混合碱各组分的原理。

2.定量转移操作的基本方法。

3.移液管及滴定管的规范操作(包括检漏、洗涤、润洗、吸液、调节液面、放液等)。

四、仪器与试剂

仪器:酸式滴定管(50mL);容量瓶(250mL);锥形瓶(250mL);移液管(25mL);分析天平。

试剂:盐酸标准溶液($0.1mol \cdot L^{-1}$);酚酞指示剂(0.2%);溴甲酚绿-二甲基黄混合指示剂。

材料:工业纯碱。

五、实验内容

1. 准确称取纯碱试样 $2.0g$,溶于适量蒸馏水中(必要时可加热),定量转移至 $250mL$ 容量瓶中,用蒸馏水定容至刻度线。

2. 移取 $25.00mL$ 试液于 $250mL$ 锥形瓶中,加 $25mL$ 蒸馏水,加 $2\sim3$ 滴酚酞指示剂,用 HCl 标准溶液滴定至红色近乎消失为第一终点,记录消耗的 HCl 标准溶液的体积 V_1。再滴加 $3\sim4$ 滴溴甲酚绿-二甲基黄混合指示剂,继续用 HCl 标准溶液滴定至溶液由绿色到亮黄色为第二终点,记录消耗的 HCl 标准溶液的总体积 V,$V_2=V-V_1$。平行测定 3 次。

3-4 双指示剂法测定纯碱各组分含量

【思考题】

1. 采用双指示剂法测定混合碱组成的原理是什么?

2. 采用双指示剂法测定混合碱,判断下列五种情况下混合碱的组成:
   (1)$V_1=0$,$V_2>0$　(2)$V_1>0$,$V_2=0$　(3)$V_1>V_2$　(4)$V_1<V_2$　(5)$V_1=V_2$

六、数据记录与处理

将读数与计算结果填入表格中。

	1	2	3
m_s/g			
V_1/mL			
V/mL			
V_2/mL			
$w(Na_2CO_3)/\%$			
$w(NaHCO_3)/\%$			
$\overline{w}(Na_2CO_3)/\%$			
$\overline{w}(NaHCO_3)/\%$			
相对平均偏差(Na_2CO_3)/$\%$			
相对平均偏差($NaHCO_3$)/$\%$			

（李　芳）

第3章　基本操作与验证性实验

25

实验 4 烧碱中 NaOH 和 Na₂CO₃ 含量的测定

一、实验目的

1. 掌握双指示剂法测定烧碱中 NaOH 和 Na₂CO₃ 含量的原理和方法。
2. 巩固容量瓶、移液管及滴定管的使用技巧。
3. 熟练掌握分析天平的使用及减量法称量操作方法。

二、实验原理

烧碱又称火碱,主要成分是 NaOH,在生产和存放过程中,常因吸收空气中的 CO_2 而含有少量杂质 Na_2CO_3。因此,出厂产品要对其纯度进行测定。常用的测定方法是双指示剂法,滴定时,常用酚酞和溴甲酚绿-二甲基黄分别指示滴定终点。滴定反应的基本原理和过程如下(图 3-2):

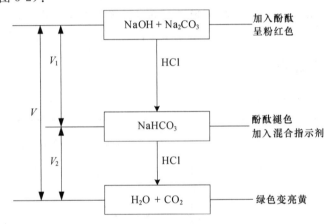

图 3-2 滴定反应过程

$$NaOH + HCl = NaCl + H_2O$$
$$Na_2CO_3 + HCl = NaCl + NaHCO_3$$
$$NaHCO_3 + HCl = NaCl + CO_2\uparrow + H_2O$$

先加入酚酞,用 HCl 标准溶液滴定至酚酞红色消失,指示到达 Na_2CO_3 第一个终点,此时 Na_2CO_3 全部生成 $NaHCO_3$,NaOH 全部被滴定(pH=8.3),将此时消耗的 HCl 标准溶液体积记为 V_1 mL。然后加入溴甲酚绿-二甲基黄指示剂,用 HCl 标准溶液继续滴定至溴甲酚绿-二甲基黄由绿色变为亮黄色时,指示到达 Na_2CO_3 第二个终点,$NaHCO_3$ 全部生成 H_2CO_3(pH=3.9),此时消耗的 HCl 标准溶液的体积读数为 V_2 mL。可由 V_1 和 V_2 及 HCl 标准溶液的浓度,按下式分别计算出 NaOH 和 Na_2CO_3 的含量:

$$w(NaOH) = \frac{c(HCl)(V_1 - V_2)M(NaOH)}{m_s} \cdot 100\%$$

$$w(Na_2CO_3) = \frac{c(HCl)V_2 M(Na_2CO_3)}{m_s} \cdot 100\%$$

式中:$w(NaOH)$ 和 $w(Na_2CO_3)$ 分别为试样中 $NaOH$、Na_2CO_3 的质量分数;$c(HCl)$ 为 HCl 标准溶液的浓度,单位为 $mol \cdot L^{-1}$;V_1 为滴定至第一终点时所消耗的 HCl 标准溶液的体积,单位为 L;V_2 为滴定至第二终点时,两终点间所消耗的 HCl 标准溶液的体积,单位为 L;$M(NaOH)$ 为氢氧化钠的摩尔质量,单位为 $g \cdot mol^{-1}$;$M(Na_2CO_3)$ 为碳酸钠的摩尔质量,单位为 $g \cdot mol^{-1}$;m_s 为所取烧碱试样的质量,单位为 g。

三、预习要求

1. 酸碱滴定的基本原理、双指示剂法测定混合碱各组分的原理和方法。
2. 移液管及滴定管的使用方法。
3. 分析天平的使用及减量法称量操作方法。

四、仪器与试剂

仪器:酸式滴定管(50mL);容量瓶(250mL);锥形瓶(250mL);移液管(25mL);分析天平。

试剂:盐酸标准溶液($0.1mol \cdot L^{-1}$);酚酞指示剂(0.2%);溴甲酚绿-二甲基黄指示剂。

材料:烧碱试样。

五、实验内容

1. 准确称取烧碱试样 1.0g,溶于蒸馏水中,定量转移至 250mL 容量瓶中,定容,摇匀。

2. 移取 25.00mL 试液于 250mL 锥形瓶中,加 25mL 蒸馏水。滴加 2~3 滴酚酞指示剂,用 $0.1mol \cdot L^{-1}$ HCl 标准溶液滴定至红色刚消失为第一终点,记录消耗的 HCl 标准溶液体积 V_1。随后向滴定溶液中加入 3~4 滴溴甲酚绿-二甲基黄指示剂,继续用 HCl 标准溶液滴定至溶液刚显黄色为第二终点,记录消耗的 HCl 标准溶液的总体积 V,$V_2 = V - V_1$。平行测定 3 次。

【思考题】

1. 0.04g NaOH 和 0.06g Na_2CO_3 混合物,用 $0.1mol \cdot L^{-1}$ HCl 溶液滴定时,V_1、V_2 各为多少毫升?

2. 20mL NaOH 和 Na_2CO_3 混合溶液,以酚酞作指示剂,用去 $0.1mol \cdot L^{-1}$ HCl 溶液 15mL;加入甲基橙,继续用 $0.1mol \cdot L^{-1}$ HCl 溶液滴定,又用去 5mL。问:混合液中 NaOH 和 Na_2CO_3 的浓度是否相等?各等于多少?

六、数据记录与处理

将读数与计算结果填入表格中。

	1	2	3
m_s/g			
V_1/mL			
V/mL			
V_2/mL			
$w(NaOH)/\%$			
$w(Na_2CO_3)/\%$			
$\overline{w}(NaOH)/\%$			
$\overline{w}(Na_2CO_3)/\%$			
相对平均偏差$(NaOH)/\%$			
相对平均偏差$(Na_2CO_3)/\%$			

（李　芳）

实验 5　有机酸摩尔质量的测定

一、实验目的

1. 了解滴定分析法测定酸碱物质摩尔质量的基本方法。
2. 进一步熟悉减量法称量操作的基本要点。

二、实验原理

NaOH 与未知有机弱酸的反应方程式为：

$$nNaOH + H_nA \Longrightarrow Na_nA + nH_2O$$

当多元有机酸的逐级解离常数符合滴定分析的准确度要求时，可以用酸碱滴定法，并根据下式计算其摩尔质量：

$$M(H_nA) = \frac{1000nm(H_nA)}{c(NaOH)V(NaOH)}$$

式中:$M(H_nA)$为未知弱酸的摩尔质量,单位为 g·mol^{-1};$m(H_nA)$为未知弱酸的质量,单位为 g;n 为 NaOH 与 H_nA 的反应计量系数;$c(NaOH)$为 NaOH 标准溶液的浓度,单位为 mol·L^{-1};$V(NaOH)$为 NaOH 标准溶液的体积消耗量,单位为 mL。

三、预习要求

1.酸碱滴定法测定有机弱酸摩尔质量的基本原理与方法。
2.移液管及滴定管的使用方法。

四、仪器与试剂

仪器:酸式滴定管(50mL);容量瓶(100mL);锥形瓶(250mL);移液管(25mL);烧杯(50mL);分析天平。

试剂:NaOH 标准溶液(0.1mol·L^{-1});酚酞指示剂(0.2%)。

材料:有机酸试样(草酸、柠檬酸、酒石酸、乙酰水杨酸或苯甲酸等)。

五、实验内容

用指定质量称量法准确称取有机酸试样 1 份于烧杯中,加水溶解,定量转入 100mL容量瓶中,用水定容至刻度线,摇匀。移取 25.00mL 试液 3 份于 3 只 250mL 锥形瓶中,加 2~3 滴酚酞指示剂,用 0.1mol·L^{-1} NaOH 标准溶液滴定至由无色变为微红色,30s内不褪色即为终点,记录消耗的 NaOH 标准溶液体积。平行测定 3 次,根据公式计算有机酸的摩尔质量。

【思考题】

1.用 NaOH 滴定有机酸时,能否用甲基橙作指示剂?为什么?
2.草酸、柠檬酸、酒石酸等多元有机酸能否用 NaOH 分步滴定?

六、数据记录与处理

将读数与计算结果填入表格中。

	1	2	3
$m(H_nA)$/g			
$V(NaOH)$/mL			
$M(H_nA)$/(g·mol^{-1})			
$\overline{M}(H_nA)$/(g·mol^{-1})			
相对平均偏差/%			

(李 芳)

实验 6　EDTA 溶液浓度的标定及天然水总硬度的测定

一、实验目的

1. 掌握 EDTA 标准溶液的配制和标定原理。
2. 了解金属指示剂变色原理及使用注意事项。
3. 掌握 EDTA 溶液浓度的标定及水总硬度的测定方法与条件。
4. 了解干扰离子的掩蔽方法与条件；了解缓冲溶液的应用。

二、实验原理

乙二胺四乙酸(简称 EDTA，常用 H_4Y 表示)难溶于水，常温下其溶解度为 $0.2g \cdot L^{-1}$。分析实验中常使用其二钠盐(溶解度为 $120g \cdot L^{-1}$)，其盐常因吸附约 0.3% 的水分和含有少量杂质而不能直接配制标准溶液。因此，通常先把 EDTA 配成所需要的近似浓度，然后用基准物质进行标定。用于标定 EDTA 的基准物质有含量不低于 99.95% 的一些金属(如 Cu、Zn 等)、金属氧化物(如 ZnO)或某些盐(如 $ZnSO_4 \cdot 7H_2O$、$MgSO_4 \cdot 7H_2O$、$CaCO_3$)等。本实验选用 $CaCO_3$ 作基准物质，首先加 HCl 溶液，其反应如下：

$$CaCO_3 + 2HCl \Longrightarrow CaCl_2 + CO_2 \uparrow + H_2O$$

在 pH>12 的溶液中，加入钙指示剂，则

滴定前：　　　　$Ca^{2+}(少量) + In^- \Longrightarrow CaIn^+ (酒红色)$

滴定时：　　　　$Ca^{2+} + Y^{4-} \Longrightarrow CaY^{2-}$

终点时：　　　　$CaIn^+ (酒红色) + Y^{4-} \Longrightarrow CaY^{2-} + In^- (蓝色)$

在 pH=10 的 $NH_3 \cdot H_2O$-NH_4Cl 缓冲溶液中，当有 Mg^{2+} 存在时，可用铬黑 T (EBT)作指示剂。因稳定性 $CaY^{2-} > MgY^{2-} > MgIn^+ > CaIn^+$，计量点前铬黑 T 先与少量 Mg^{2+} 配位为 $MgIn^+ (酒红色)$，当用 EDTA 滴定至计量点时，铬黑 T 游离出来，使溶液呈纯蓝色，终点比 Ca^{2+} 单独存在时更加敏锐，故常加入少量 Mg^{2+}-EDTA 溶液，按下式计算 EDTA 溶液的准确浓度。

$$c(EDTA) = \frac{m(CaCO_3)V(Ca^{2+})}{M(CaCO_3)V(EDTA) \cdot 250.0 \cdot 10^{-3}}$$

式中：$c(EDTA)$ 为 EDTA 标准溶液的浓度，单位为 $mol \cdot L^{-1}$；$m(CaCO_3)$ 为碳酸钙基准物质的质量，单位为 g；$M(CaCO_3)$ 为碳酸钙的摩尔质量，单位为 $g \cdot mol^{-1}$；$V(Ca^{2+})$ 为移取的 Ca^{2+} 标准溶液的体积，单位为 mL；$V(EDTA)$ 为标定所消耗 EDTA 的体积，单位为 mL。

水的硬度分为水的总硬度以及钙-镁硬度两种。前者是测定水中镁、钙总量；后者则是分别测定镁和钙的含量。国内外规定的测定水的总硬度的标准分析方法是 EDTA 滴定法。用 EDTA 滴定 Ca^{2+}、Mg^{2+} 总量时，一般是在 pH=10 的氨性缓冲溶液中，以铬黑 T 为指示剂，计量点前铬黑 T 先与部分 Mg^{2+} 配位为 $MgIn^+ (酒红色)$，计量点时铬黑 T 游离出来，溶液呈纯蓝色。

滴定时,用三乙醇胺掩蔽 Fe^{3+}、Al^{3+}、Ti^{4+},以 Na_2S 或巯基乙酸掩蔽 Cu^{2+}、Pb^{2+}、Zn^{2+}、Cd^{2+}、Mn^{2+} 等干扰离子,消除对铬黑 T 指示剂的封闭作用。

水的总硬度计算公式为

$$\rho(CaO) = \frac{c(EDTA)V(EDTA)M(CaO) \cdot 10^3}{V_s}$$

式中:$\rho(CaO)$ 为以 CaO 的质量浓度表示的水的硬度,单位为 $mg \cdot L^{-1}$;$c(EDTA)$ 为 EDTA 标准溶液的浓度,单位为 $mol \cdot L^{-1}$;$M(CaO)$ 为氧化钙的摩尔质量,单位为 $g \cdot mol^{-1}$;$V(EDTA)$ 为标定所消耗 EDTA 标准溶液的体积,单位为 mL;V_s 为所取水样的体积,单位为 mL。

三、预习要求

1. EDTA 的性质;EDTA 标准溶液浓度的标定原理;金属指示剂变色原理。
2. 水总硬度的测定方法和条件。
3. 干扰离子的掩蔽;缓冲溶液的应用。

四、仪器与试剂

仪器:酸式滴定管(50mL);锥形瓶(250mL);移液管(25mL,50mL);烧杯(150mL,250mL);称量瓶;分析天平等。

试剂:

EDTA 标准溶液($0.01mol \cdot L^{-1}$):称取 3.7g EDTA 二钠盐,用温热水溶解后,稀释至 1000mL,储存于聚乙烯塑料瓶中。

$NH_3 \cdot H_2O$-NH_4Cl 缓冲溶液($pH=10$):称取 20g NH_4Cl 溶于水后,加入 100mL 浓氨水,用蒸馏水稀释至 1L。

铬黑 T 指示剂:取铬黑 T 0.1g,与研细的干燥氯化钠 10g 混匀,配成固体混合指示剂保存在干燥器中,用时挑取少许即可。

$CaCO_3$ 基准物质:在 110℃烘箱中干燥 2h,稍冷后置于干燥器中冷却至室温,备用。

Mg^{2+}-EDTA 溶液:先配制 $0.05mol \cdot L^{-1}$ $MgCl_2$ 溶液和 $0.05mol \cdot L^{-1}$ EDTA 溶液各 500mL,然后在 $pH=10$ 的氨性条件下,以铬黑 T 作指示剂,用上述 EDTA 滴定 Mg^{2+},按所得比例把 $MgCl_2$ 和 EDTA 混合,确保 $V(MgCl_2):V(EDTA)=1:1$。

HCl 溶液(1:1):市售盐酸与水等体积混合。

氨水(1:2):1 体积市售氨水与 2 体积水混合。

甲基红指示剂(0.1%,乙醇溶液)。

三乙醇胺溶液($200g \cdot L^{-1}$)。

材料:水样。

五、实验内容

1. Ca^{2+} 标准溶液的配制与 EDTA 溶液浓度的标定

(1)Ca^{2+} 标准溶液的配制 计算配制 250mL $0.01mol \cdot L^{-1}$ Ca^{2+} 标准溶液所需的

第 3 章 基本操作与验证性实验

CaCO₃ 的质量,用减量法准确称量(称量值与计算值偏离最好不超过 10%)所需质量的基准物质 CaCO₃ 于 150mL 烧杯中。先以少量水润湿,盖上表面皿,从烧杯嘴处往烧杯中滴加约 5mL 1:1 HCl 溶液,使 CaCO₃ 全部溶解。加水 50mL,微沸几分钟以除去 CO_2。冷却后用水冲洗烧杯内壁和表面皿,定量转移至 250mL 容量瓶中,用水稀释至刻度,摇匀,计算标准 Ca^{2+} 的浓度 $c(Ca^{2+})$。

3-5 CaCO₃ 的溶解

(2)EDTA 溶液浓度的标定 用移液管吸取 25.00mL Ca^{2+} 标准溶液于锥形瓶中,加 1 滴甲基红指示剂,用氨水中和 Ca^{2+} 标准溶液中的 HCl,当溶液由红变黄即可。加 20mL 水和 5mL Mg^{2+}-EDTA 溶液(是否需要准确加入?),然后加入 10mL NH₃·H₂O-NH₄Cl 缓冲溶液,再加入适量铬黑 T 指示剂,立即用 EDTA 滴定,当溶液由酒红色转变为纯蓝色即为终点。平行滴定 3 次,计算 EDTA 溶液的准确浓度。

3-6 Ca^{2+} 标准溶液的配制

2. 水总硬度的测定

用移液管移取 50.00mL 水样于 250mL 锥形瓶中,加入 1～2 滴 HCl 溶液使试液酸化,煮沸数分钟以除去 CO_2。冷却后,加 3mL 三乙醇胺溶液、5mL pH=10 的 NH₃·H₂O-NH₄Cl 缓冲溶液,1mL Na₂S 溶液以掩蔽重金属离子,再加入适量铬黑 T 指示剂,立即用 EDTA 标准溶液滴定至溶液由酒红色变为纯蓝色。平行测定 3 份,计算水的总硬度,即 Ca^{2+}、Mg^{2+} 总量。

3-7 EDTA 溶液标定的终点

【注意事项】

1. 若水样中 HCO_3^-、H_2CO_3 含量高,会影响终点变色观察。可加入 1 滴 HCl 溶液,使水样酸化,加热煮沸去除 CO_2。

2. 若水样中锰含量超过 $1mg \cdot L^{-1}$,在碱性溶液中易被氧化成高价,使指示剂变为灰白或浑浊的玫瑰色。可在水样中加入 0.5～2mL $10g \cdot L^{-1}$ 的盐酸羟胺,还原高价锰,以消除干扰。

3-8 水样的移取

【思考题】

1. 阐述 Mg^{2+}-EDTA 能够提高终点灵敏度的原理。

2. 滴定为什么要在缓冲溶液中进行?如果没有缓冲溶液存在,将会导致什么现象发生?

3. 什么样的水样应加含 Mg^{2+}-EDTA 的 NH₃·H₂O-NH₄Cl 缓冲溶液?Mg^{2+}-EDTA盐的作用是什么?对测定结果有没有影响?

3-9 水硬度测定的终点

4. 本实验所用的 EDTA,应该采用何种指示剂进行标定?合适的基准物质是什么?

六、数据记录与处理

将读数及计算结果填入表格中。

1. EDTA 溶液浓度的标定

	1	2	3
$m(CaCO_3)/g$			
$V(Ca^{2+})/mL$			
$V(EDTA)/mL$			
$c(EDTA)/(mol \cdot L^{-1})$			
$\bar{c}(EDTA)/(mol \cdot L^{-1})$			
相对平均偏差/%			

2. 水总硬度的测定

	1	2	3
V_s/mL			
$V(EDTA)/mL$			
$\rho(CaO)/(mg \cdot L^{-1})$			
$\bar{\rho}(CaO)/(mg \cdot L^{-1})$			
相对平均偏差/%			

（李　芳）

实验 7　石灰石或白云石中钙、镁含量的测定

一、实验目的

1. 学习 EDTA 法测定石灰石或白云石中钙、镁的含量，进一步掌握配位滴定原理。
2. 了解金属指示剂的变色原理。
3. 学习掩蔽剂消除共存离子干扰的原理及反应条件。
4. 了解缓冲溶液的应用。

二、实验原理

石灰石、白云石的主要成分是 $CaCO_3$、$MgCO_3$，此外还有少量 Fe、Al、Si 等杂质，故通

常不需分离即可直接滴定。试样用 HCl 分解后，钙、镁等以 Ca^{2+}、Mg^{2+} 进入溶液。

$$CaCO_3(MgCO_3)+2HCl \rightleftharpoons CaCl_2(MgCl_2)+CO_2\uparrow+H_2O$$

调节试液 pH 为 10，用铬黑 T 作指示剂，以 EDTA 标准溶液滴定试液中钙、镁总量。计量点前，铬黑 T 先与部分 Mg^{2+} 配位为 $MgIn^+$（酒红色），当用 EDTA 滴定至计量点时，铬黑 T 游离出来，溶液由酒红色变为纯蓝色，从 EDTA 标准溶液的用量即可计算试样中的钙、镁总量。

于另一份试液中，用 NaOH 溶液调节 pH≥12，使 Mg^{2+} 生成 $Mg(OH)_2$ 沉淀，加入钙指示剂，用 EDTA 标准溶液滴定 Ca^{2+}，从 EDTA 标准溶液的用量即可计算试样中的钙含量（原理见实验 6），由钙、镁总量及钙含量即可算出镁含量。

$$w(CaO)=\frac{c(EDTA)V_2(EDTA)M(CaO)\cdot 10^{-3}}{m_s}\cdot 100\%$$

$$w(MgO)=\frac{c(EDTA)[V_1(EDTA)-V_2(EDTA)]M(MgO)\cdot 10^{-3}}{m_s}\cdot 100\%$$

式中：$w(CaO)$ 为以 CaO 的质量分数表示的试样中的钙含量；$w(MgO)$ 为以 MgO 的质量分数表示的试样中的镁含量；$V_1(EDTA)$ 为滴定钙、镁总量所消耗的 EDTA 溶液的体积，单位为 mL；$V_2(EDTA)$ 为滴定钙所消耗的 EDTA 溶液的体积，单位为 mL；m_s 为所取石灰石试样的质量，单位为 g。

由于试样中含有少量铁、铝等干扰杂质，所以滴定前可在酸性条件下加入三乙醇胺掩蔽 Fe^{3+}、Al^{3+}。如试样中含有铜、钛、镉、铋等微量金属，可加入铜试剂（DDTC）消除干扰。如试样成分复杂，试样溶解后，可在试液中加入六次甲基四胺和铜试剂，使 Fe^{3+}、Al^{3+} 和重金属离子同时沉淀除去，过滤后即可按上述方法分别测定钙、镁。

三、预习要求

1. EDTA 滴定法测定钙、镁含量的原理及方法。
2. 金属指示剂变色原理及滴定终点的判断、干扰离子的掩蔽方法。

四、仪器与试剂

仪器：酸式滴定管（50mL）；锥形瓶（250mL）；移液管（25mL）；容量瓶（250mL）；烧杯；称量瓶；分析天平等。

试剂：NaOH 溶液（20%）；HCl 溶液（1∶1）；三乙醇胺溶液（1∶2）；盐酸羟胺溶液（10g·L^{-1}）；EDTA 标准溶液（0.01mol·L^{-1}）；NH_3·H_2O-NH_4Cl 缓冲溶液（pH≈10）；钙指示剂（固体）；铬黑 T 指示剂（固体）。

材料：石灰石试样。

五、实验内容

1. 试样处理

准确称取 0.5g 试样于烧杯中，加水数滴润湿，盖以表面皿，从烧杯嘴慢慢加入1∶1 HCl 溶液 10～20mL，加热使之溶解，试样全溶后，冷却，定量转移入 250mL 容量瓶中，用蒸馏水稀释至刻度,摇匀。

2.钙、镁总量的测定

用移液管吸取 25.00mL 试样溶液于 250mL 锥形瓶中,加入 20mL 蒸馏水,盐酸羟胺 1mL,三乙醇胺 5mL,摇匀,加入 $NH_3 \cdot H_2O-NH_4Cl$ 缓冲溶液 10mL,加入少许铬黑 T 溶解后,用 EDTA 标准溶液滴定,溶液由酒红色转变为纯蓝色即为终点,记下消耗 EDTA 标准溶液的体积 V_1。平行测定 3 次。

3.钙含量的测定

另外吸取试液 25.00mL 于 250mL 锥形瓶中,加蒸馏水 20mL,盐酸羟胺 1mL,三乙醇胺 5mL,20% NaOH 10mL,少许钙指示剂,摇匀,用 EDTA 标准溶液滴定,溶液由红色变为蓝色即为终点,记下消耗 EDTA 标准溶液的体积 V_2。平行测定 3 次,由 EDTA 标准溶液的消耗量计算钙含量(以 CaO 表示)。

4.根据 EDTA 的浓度及两次消耗量,可算出试样中镁含量(以 MgO 表示)。

【注意事项】

1.用三乙醇胺掩蔽 Fe^{3+}、Al^{3+},必须在酸性溶液中加入,然后再行碱化。

2.测定钙时,如试样中有大量镁存在,由于 $Mg(OH)_2$ 沉淀吸附 Ca^{2+},使钙的测定结果偏低,为此可加入淀粉-甘油、阿拉伯树胶或糊精等保护胶,基本上可消除吸附现象,其中以糊精效果较好。5% 糊精溶液的配制方法如下:称取 5g 糊精于 100mL 沸水中,冷却,加入 20% NaOH 溶液 5mL,搅匀,加入 3~5 滴 K-B 指示剂,用 EDTA 溶液滴至溶液呈蓝色。临用时配制,使用时加 10~15mL 于试液中。

【思考题】

1.用酸分解石灰石或白云石试样时应注意什么?实验中怎样判断试样已分解完全?

2.用 EDTA 法测定钙、镁时,加入氨性缓冲溶液和氢氧化钠各起什么作用?

3.用 EDTA 法测定钙、镁时,若试样中有少量铁、铝、铜、锌等干扰离子,应如何消除?

4.用三乙醇胺掩蔽 Fe^{3+}、Al^{3+} 时,为什么要在酸性溶液中加入三乙醇胺后才提高溶液的 pH 值?

六、数据记录与处理

将实验数据填入各表中。

1.CaO 含量的测定

	1	2	3
V_s/mL			
c(EDTA)/(mol·L^{-1})			
V_2(EDTA)/mL			
$\overline{V}_2$(EDTA)/mL			
$\overline{w}$(CaO)/%			

2. MgO 含量的测定

	1	2	3
V_s/mL			
c(EDTA)/(mol·L^{-1})			
V_1(EDTA)/mL			
$\overline{V}_1$(EDTA)/mL			
$[\overline{V}_1$(EDTA)$-\overline{V}_2$(EDTA)$]$/mL			
$\overline{w}$(MgO)/%			

(李 芳)

实验 8 铋铅混合液中铋、铅含量的连续测定

一、实验目的

1. 了解通过控制酸度提高 EDTA 滴定选择性的原理。
2. 掌握用 EDTA 进行连续滴定的方法。

二、实验原理

混合离子的连续滴定常通过控制酸度和掩蔽的方法来进行,可根据有关副反应系数原理进行计算,论证对它们进行分别滴定的可能性。

Bi^{3+}、Pb^{2+} 均能与 EDTA 形成稳定的 1:1 配合物,lgK_{MY} 分别为 27.94 和 18.04。由于两者的 lgK_{MY} 相差很大,故可利用酸效应原理,通过控制溶液的酸度进行连续滴定。在 pH≈1 时滴定 Bi^{3+},在 pH=5~6 时滴定 Pb^{2+}。

在 Bi^{3+}、Pb^{2+} 混合溶液中,首先调节溶液的 pH≈1,以二甲酚橙为指示剂,Bi^{3+} 与指示剂形成紫红色配合物(Pb^{2+} 在此条件下不会与二甲酚橙形成有色配合物),用 EDTA 标准溶液滴定 Bi^{3+},终点时溶液由紫红色变为黄色。

$$Bi^{3+} + H_2Y^{2-} = BiY^- + 2H^+$$

在滴定 Bi^{3+} 后的溶液中加入六次甲基四胺溶液,调节溶液 pH=5~6,此时 Pb^{2+} 与二甲酚橙形成紫红色配合物,溶液再次呈现紫红色,然后用 EDTA 标准溶液继续滴定,当溶液由紫红色转变为黄色时,即为滴定 Pb^{2+} 的终点。

$$Pb^{2+} + H_2Y^{2-} = PbY^{2-} + 2H^+$$

三、预习要求

1. EDTA 的酸效应。
2. 提高 EDTA 配位选择性的方法。
3. EDTA 连续滴定金属离子的原理与方法。
4. 移液管及滴定管等的规范操作。

四、仪器与试剂

仪器:酸式滴定管(50mL);锥形瓶(250mL);移液管(25mL);称量瓶;分析天平等。

试剂:EDTA 标准溶液($0.01mol \cdot L^{-1}$);二甲酚橙指示剂($2g \cdot L^{-1}$);六次甲基四胺溶液($200g \cdot L^{-1}$);HCl 溶液(1:1)。

材料:Bi^{3+}、Pb^{2+} 混合溶液(含 Bi^{3+}、Pb^{2+} 各约 $0.01mol \cdot L^{-1}$);称取 48g $Bi(NO_3)_3$ 和 33g $Pb(NO_3)_2$ 于盛有 312mL HNO_3 的烧杯中,在电炉上微热溶解后,稀释至 10L。

五、实验内容

1. 用移液管移取 25.00mL Bi^{3+}、Pb^{2+} 混合液于 250mL 锥形瓶中,加入 1～2 滴二甲酚橙指示剂,用 EDTA 标准溶液滴定,当溶液由紫红色变为黄色时即为滴定 Bi^{3+} 的终点。平行测定 3 次,根据消耗的 EDTA 体积,计算混合液中 Bi^{3+} 的含量。

2. 在滴定 Bi^{3+} 后的溶液中,滴加六次甲基四胺溶液,待溶液呈现稳定的紫红色后,再过量 5mL,此时溶液的 pH 为 5～6。用 EDTA 标准溶液滴定,当溶液由紫红色变为黄色时即为终点。平行测定 3 次,根据滴定结果,计算混合液中 Pb^{2+} 的含量。

【思考题】

1. 解释连续滴定 Bi^{3+}、Pb^{2+} 过程中溶液颜色变化的原因。
2. 为什么不用 NaOH、NaAc 或 $NH_3 \cdot H_2O$,而要用六次甲基四胺调节 pH 到 5～6?
3. 本实验中,能否先在 pH＝5～6 的溶液中测定 Bi^{3+} 和 Pb^{2+} 的总量,然后再调整 pH≈1,测定 Bi^{3+} 含量?

六、数据记录与处理

请自行设计表格,推导公式计算并分析结果。

(李　芳)

实验 9   铝合金中铝含量的测定

一、实验目的

1. 掌握铝合金中铝的测定原理和方法。
2. 了解返滴定法和置换滴定法的应用与结果计算。
3. 掌握二甲酚橙指示剂的变色原理。

二、实验原理

由于 Al^{3+} 易水解而形成一系列多核羟基配合物，且与 EDTA 反应速度较慢，配位比不恒定，对常见的金属指示剂具有不同程度的封闭作用，故常采用返滴定法或置换滴定法测定铝含量。采用返滴定法测定时，先调溶液 pH 为 3.5，加入过量的 EDTA 标准溶液，加热煮沸几分钟，使其配位完全。

$$Al^{3+} + Y^{4-}（过量）\Longrightarrow AlY^-$$

冷却后，再调节溶液 pH 为 5～6，以二甲酚橙（XO）为指示剂，用 Zn^{2+} 标准溶液滴定过量的 EDTA，即可求得 Al^{3+} 的含量。

$$Zn^{2+} + Y^{4-}（剩余）\Longrightarrow ZnY^{2-}$$

终点时：$\quad Zn^{2+}（过量）+ XO（黄色）\Longrightarrow Zn\text{-}XO（紫红色）$

但由于返滴定法的选择性不高，与 EDTA 能形成稳定配合物的金属离子都能干扰测定，因此返滴定法仅适用于组成简单的含铝化合物中铝的测定。对于组成复杂的含铝化合物，铝的测定是在返滴定法基础上，通过加入过量 NH_4F，利用 F^- 与 Al^{3+} 形成更稳定的配合物的原理，将溶液加热至沸，使 AlY^- 与 F^- 之间发生置换反应，同时释放出与 Al^{3+} 等摩尔数的 EDTA。

$$AlY^- + 6F^- \Longrightarrow AlF_6^{3-} + Y^{4-}（置换）$$

再用 Zn^{2+} 标准溶液滴定释放出来的 EDTA，溶液由黄色变为紫红色即为终点，根据 Zn^{2+} 标准溶液的消耗量，按下式计算试样中铝的含量：

$$w(Al) = \frac{c(Zn^{2+})V(Zn^{2+})M(Al)}{m_s} \cdot 100\%$$

式中：$w(Al)$ 为试样中 Al 的质量分数；$c(Zn^{2+})$ 为 Zn^{2+} 标准溶液的浓度，单位为 $mol \cdot L^{-1}$；$V(Zn^{2+})$ 为滴定被置换的 Y^{4-} 所消耗的 Zn^{2+} 标准溶液的体积，单位为 L；$M(Al)$ 为 Al 的摩尔质量，单位为 $g \cdot mol^{-1}$；m_s 为试样质量，单位为 g。

三、预习要求

1. EDTA 配位滴定法的滴定方式。
2. EDTA 置换滴定法测定铝含量的原理及方法。
3. 移液管、滴定管的正确使用及滴定基本操作。

四、仪器与试剂

仪器:酸式滴定管(50mL);移液管(25mL);容量瓶(250mL);锥形瓶(250mL);烧杯;称量瓶;电热恒温水浴锅;分析天平。

试剂:NaOH 溶液(200g·L⁻¹);HCl 溶液(1:1、1:3);EDTA 溶液(0.02mol·L⁻¹);二甲酚橙指示剂(2g·L⁻¹);氨水(1:1);六次甲基四胺溶液(200g·L⁻¹);Zn^{2+} 标准溶液(0.02mol·L⁻¹);NH_4F 溶液(200g·L⁻¹)。

材料:铝合金试样。

五、实验内容

1. 准确称取 0.1~0.15g 铝合金于 250mL 烧杯中,加 10mL NaOH 溶液,在沸水浴中使其完全溶解,稍冷后,加 1:1 HCl 溶液至有絮状沉淀产生,再多加 10mL HCl 溶液,定容于 250mL 容量瓶中。

2. 用移液管平行移取 25.00mL 试液 3 份,置于 250mL 锥形瓶中,加 30mL EDTA 溶液,2 滴二甲酚橙,此时溶液为黄色,加氨水至溶液呈紫红色,再加 1:3 HCl 溶液,使之呈黄色,煮沸 3min 后冷却。加 20mL 六次甲基四胺溶液,此时应为黄色,如果呈红色,还需滴加 1:3 HCl 溶液,使其变黄。把 Zn^{2+} 滴入锥形瓶中,消耗掉过量的 EDTA,当溶液恰好由黄色变为紫红色时停止滴定。

3. 向上述溶液中加入 10mL NH_4F 溶液,加热至微沸,用流水冷却,再补加 2 滴二甲酚橙,此时溶液为黄色,如果呈红色,还需滴加 1:3 HCl 溶液,使其变黄,再用 Zn^{2+} 标准溶液滴定,当溶液由黄色恰好变为紫红色时即为终点。根据 Zn^{2+} 标准溶液所消耗的体积计算铝的质量分数。

【注意事项】

1. 在用 EDTA 与铝反应时,EDTA 应过量,否则,反应不完全。

2. 加入二甲酚橙指示剂后,如果溶液为紫红色,则可能是试样中铝含量过高,EDTA 加入量不足,应适量补加。

3. 第一次用 Zn^{2+} 标准溶液滴定时,应准确滴至紫红色,但不计体积。

4. 第二次用 Zn^{2+} 标准溶液滴定时,应准确滴至紫红色,并以此体积计算铝的含量。

【思考题】

1. 为什么不能用 EDTA 配位滴定法直接测定铝?

2. 分析在用 NH_4F 置换 EDTA 配位滴定铝时,指示剂二甲酚橙几次颜色变化的原因。

六、数据记录与处理

将读数与计算结果填入表格中。

	1	2	3
m_s/g			
$c(Zn^{2+})/(mol \cdot L^{-1})$			
V_s(待测液)/mL			
$V(Zn^{2+})$/mL			
$w(Al)/\%$			
$\overline{w}(Al)/\%$			
相对平均偏差/%			

（李　芳）

实验 10　高锰酸钾溶液浓度的标定及过氧化氢含量的测定

一、实验目的

1. 掌握以 $Na_2C_2O_4$ 为基准物质标定 $KMnO_4$ 溶液浓度的原理。
2. 掌握高锰酸钾法测定过氧化氢含量的原理和方法。

二、实验原理

1. $KMnO_4$ 标准溶液的配制和标定

市售的 $KMnO_4$ 常含有少量杂质,且 $KMnO_4$ 是强氧化剂,易与水中的有机物、空气中的尘埃等还原性物质作用;$KMnO_4$ 又能自行分解,其分解反应如下:

$$4KMnO_4 + 2H_2O =\!=\!=\!= 4MnO_2 + 4KOH + 3O_2 \uparrow$$

其分解速率随溶液的 pH 值而变化。在中性溶液中分解很慢,但 Mn^{2+} 和 MnO_2 能加速 $KMnO_4$ 的分解,见光则分解更快,溶液的浓度容易改变。因此,必须正确配制和保存 $KMnO_4$ 溶液。

标定 $KMnO_4$ 溶液的基准物质很多,如 $Na_2C_2O_4$、$H_2C_2O_4 \cdot 2H_2O$、As_2O_3 和纯铁丝等。其中,$Na_2C_2O_4$ 不含结晶水,容易精制,最为常用。

在 H_2SO_4 溶液中,MnO_4^- 与 $C_2O_4^{2-}$ 的反应如下:

$$2MnO_4^- + 5C_2O_4^{2-} + 16H^+ =\!=\!=\!= 2Mn^{2+} + 10CO_2 \uparrow + 8H_2O$$

可按下式计算高锰酸钾标准溶液浓度:

$$c(\text{KMnO}_4) = \frac{2m(\text{Na}_2\text{C}_2\text{O}_4)}{5V(\text{KMnO}_4)M(\text{Na}_2\text{C}_2\text{O}_4)}$$

式中：$c(\text{KMnO}_4)$为高锰酸钾标准溶液的浓度，单位为 mol·L^{-1}；$m(\text{Na}_2\text{C}_2\text{O}_4)$为草酸钠基准物质的质量，单位为 g；$M(\text{Na}_2\text{C}_2\text{O}_4)$为草酸钠的摩尔质量，单位为 g·mol^{-1}；$V(\text{KMnO}_4)$为高锰酸钾标准溶液的体积，单位为 L。

2. H_2O_2 含量的测定

过氧化氢（H_2O_2）在医药、生物工业等方面应用很广泛，例如，利用 H_2O_2 的氧化性漂白毛、丝织物；医药上常用它消毒或杀菌；纯 H_2O_2 用作火箭燃料的氧化剂；工业上利用 H_2O_2 的还原性除去氯气等。H_2O_2 分子中有一个过氧键—O—O—，在酸性溶液中它是一个强氧化剂，但遇 $KMnO_4$ 时表现为还原性。过氧化氢的含量可用高锰酸钾法测定，在酸性溶液中，H_2O_2 很容易被 $KMnO_4$ 氧化而生成氧气和水，其反应式如下：

$$2\text{MnO}_4^- + 5\text{H}_2\text{O}_2 + 6\text{H}^+ == 2\text{Mn}^{2+} + 8\text{H}_2\text{O} + 5\text{O}_2\uparrow$$

开始的反应速率较慢，滴入第一滴 $KMnO_4$ 时溶液不容易褪色，待 Mn^{2+} 生成后，由于 Mn^{2+} 的催化，加快了反应速率，故能一直顺利地滴定到终点，因而称为自动催化反应。滴定剂（2×10^{-6} mol·L^{-1}）稍过量即显示本身的紫红色，此为终点。根据 $KMnO_4$ 标准溶液的用量计算试样中 H_2O_2 的含量。

若 H_2O_2 试样系工业产品，用上述方法测定误差较大，因为产品中常加入乙酰苯胺等有机物质作稳定剂，此类有机物也易被 $KMnO_4$ 氧化。遇此情况，应用碘量法测定（利用 H_2O_2 和 KI 作用析出 I_2，然后用硫代硫酸钠标准溶液滴定）。

三、预习要求

1. $KMnO_4$ 的配制与标定方法。

2. $KMnO_4$ 与 H_2O_2 的反应历程。

3. 自催化反应。

4. 氧化还原指示剂的种类。

四、仪器与试剂

仪器：酸式滴定管（50mL）；容量瓶（250mL）；移液管（25mL）；吸量管（1mL 或 2mL）；锥形瓶（250mL）；电炉。

试剂：H_2SO_4 溶液（3mol·L^{-1}）；$Na_2C_2O_4$ 基准物质（于 105℃ 干燥 2h 后备用）；$MnSO_4$ 溶液（1mol·L^{-1}）；$KMnO_4$（固体）。

材料：市售 H_2O_2 溶液（质量分数约为 30%）。

五、实验内容

1. 0.02mol·L^{-1} $KMnO_4$ 溶液的配制

用台秤称取 3.3g $KMnO_4$ 溶于 1L 水中，盖上表面皿，加热煮沸 1h，煮沸时要及时补充水。静置一周后，用 4 号玻璃砂芯漏斗过滤，保存于棕色瓶中待标定。

2.KMnO₄ 溶液浓度的标定

用减量法准确称取 0.15～0.20g Na₂C₂O₄ 3 份,分别置于 250mL 锥形瓶中,加入 60mL 蒸馏水溶解,加热近沸,加入 3mol·L⁻¹ H₂SO₄ 溶液 15mL,此时溶液温度为 70～85℃,立即用上述 KMnO₄ 溶液滴定。开始时加入 KMnO₄ 溶液后褪色很慢,待前一滴溶液褪色后再加入第 2 滴。当接近计量点时,反应亦较慢,应始终保持溶液的温度不低于 60℃,继续滴定至溶液出现微红色并保持 30s 不褪色即为终点,记下所消耗的 KMnO₄ 溶液体积,计算 KMnO₄ 溶液的浓度。

3-10 KMnO₄ 溶液标定的终点及读数

3.试样中 H₂O₂ 含量的测定

用吸量管移取 1.00mL 市售 H₂O₂ 溶液,置于装有 200mL 蒸馏水的容量瓶中,以蒸馏水稀释至刻度线,摇匀。用移液管吸取此稀释溶液 25.00mL 于 250mL 锥形瓶中,加 30mL 蒸馏水和 10mL H₂SO₄ 溶液(因 H₂O₂ 与 KMnO₄ 溶液开始反应速率缓慢,可加入 2～3 滴 MnSO₄ 溶液作催化剂,以加快反应速率),用 KMnO₄ 标准溶液滴定至溶液呈粉红色,30s 不褪色即为终点。平行测定 3 次,根据 KMnO₄ 标准溶液用量,计算未经稀释的样品中 H₂O₂ 的质量浓度(用 g·L⁻¹ 表示)(过氧化氢含量的计算公式请自行推导)。

3-11 市售双氧水的稀释

3-12 H₂O₂ 含量测定的终点

【思考题】

1.配制 KMnO₄ 标准溶液时,为什么要将 KMnO₄ 溶液煮沸一定时间并放置数天?配好的 KMnO₄ 溶液为什么要过滤后才能保存?能否使用滤纸过滤?

2.标定 KMnO₄ 溶液时,为什么必须在 H₂SO₄ 介质中进行?酸度过高或过低有何影响?能用 HNO₃ 或 HCl 调节酸度吗?为什么要在 70～80℃下进行滴定?温度过高或过低有何影响?

3.盛放 KMnO₄ 的烧杯或锥形瓶久置之后,其器壁上的棕色沉淀物是什么?通常用什么方法可以除去这种沉淀物?

4.标定 KMnO₄ 溶液时,为什么加入第 1 滴 KMnO₄ 后,溶液的红色褪去得较慢,而以后红色褪去得越来越快?

六、数据记录与处理

将读数与计算结果填入表格中。

1.KMnO₄ 溶液浓度的标定

	1	2	3
$m(Na_2C_2O_4)$/g			
$V(KMnO_4)$/mL			
$c(KMnO_4)$/(mol·L⁻¹)			
$\bar{c}(KMnO_4)$/(mol·L⁻¹)			
相对平均偏差/%			

2.H_2O_2 含量的测定

	1	2	3
$V(KMnO_4)/mL$			
$\rho(H_2O_2)/(g \cdot L^{-1})$			
$\bar{\rho}(H_2O_2)/(g \cdot L^{-1})$			
相对平均偏差/%			

（裘　端）

实验 11　重铬酸钾法测定铁矿石中全铁含量(无汞定铁法)

一、实验目的

1.掌握 $K_2Cr_2O_7$ 标准溶液的配制方法。

2.了解铁矿石的溶解方法。

3.理解甲基橙的作用原理与条件。

4.掌握重铬酸钾法测全铁的原理和方法。

5.学习二苯胺磺酸钠的作用原理。

二、实验原理

用 HCl 溶液分解铁矿石后,在热的 HCl 溶液中,以甲基橙为指示剂,用 $SnCl_2$ 将 Fe^{3+} 还原至 Fe^{2+},并过量 1~2 滴。其还原反应为

$$2FeCl_4^- + SnCl_4^{2-} + 2Cl^- = 2FeCl_4^{2-} + SnCl_6^{2-}$$

Sn^{2+} 将 Fe^{3+} 还原完后,过量的 Sn^{2+} 可将甲基橙还原为氢化甲基橙而褪色,指示了还原的终点,剩余的 Sn^{2+} 还能继续使氢化甲基橙还原成 N,N-二甲基对苯二胺和对氨基苯磺酸钠。

$$(CH_3)_2NC_6H_4N = NC_6H_4SO_3Na \longrightarrow (CH_3)_2NC_6H_4NH\text{-}NHC_6H_4SO_3Na$$
$$\longrightarrow (CH_3)_2NC_6H_4H_2N + NH_2C_6H_4SO_3Na$$

上述反应是不可逆的,不但除去了过量的 Sn^{2+},甲基橙还原产物也不消耗 $K_2Cr_2O_7$。

HCl 溶液的浓度应控制在 $4mol \cdot L^{-1}$,若大于 $6mol \cdot L^{-1}$,Sn^{2+} 会先将甲基橙还原为

第 3 章　基本操作与验证性实验

无色,因而无法指示 Fe^{3+} 的还原反应;但若低于 $2mol \cdot L^{-1}$,则甲基橙褪色缓慢。

滴定反应为

$$6Fe^{2+} + Cr_2O_7^{2-} + 14H^+ = 6Fe^{3+} + 2Cr^{3+} + 7H_2O$$

滴定突跃范围为 $0.93 \sim 1.34V$。使用二苯胺磺酸钠指示剂时,由于它的条件电位为 $0.85V$,因而需加入 H_3PO_4,使产物 Fe^{3+} 生成 $Fe(HPO_4)_2^-$,降低 Fe^{3+} 的浓度,从而降低 Fe^{3+}/Fe^{2+} 电对的电位,使反应的突跃范围变成 $0.71 \sim 1.34V$,防止滴定终点提前出现,同时还消除了 $FeCl_4^-$ 的黄色对终点观察的干扰。Sb^{5+}、Sb^{3+} 会干扰测定,不应存在。

试样中铁含量的计算公式为

$$w(Fe) = \frac{c\left(\frac{1}{6}K_2Cr_2O_7\right)V(K_2Cr_2O_7)M(Fe)}{m_s} \cdot 100\%$$

式中:$w(Fe)$ 为试样中铁的质量分数;$c\left(\frac{1}{6}K_2Cr_2O_7\right)$ 为基本单元 $\frac{1}{6}K_2Cr_2O_7$ 标准溶液的浓度,单位为 $mol \cdot L^{-1}$;$V(K_2Cr_2O_7)$ 为滴定试样时消耗的标准溶液的体积,单位为 L;$M(Fe)$ 为铁的摩尔质量,单位为 $g \cdot mol^{-1}$;m_s 为所取铁矿石试样的质量,单位为 g。

三、预习要求

1. 氧化还原滴定反应的原理、滴定突跃。
2. 无汞定铁法中甲基橙和二苯胺磺酸钠的作用。
3. 加入磷酸的目的。

四、仪器与试剂

仪器:酸式滴定管(50mL);容量瓶(250mL);移液管(25mL);锥形瓶(250mL);电炉;烧杯;称量瓶;电子天平;干燥器(公用)等。

试剂:

$SnCl_2$($100g \cdot L^{-1}$):$10g$ $SnCl_2 \cdot 2H_2O$ 溶于 $40mL$ 浓热 HCl 溶液中,加水稀释至 $100mL$。

硫-磷混酸:将 $15mL$ 浓硫酸缓慢加至 $70mL$ 水中,冷却后加入 $15mL$ 浓磷酸,混匀。

$K_2Cr_2O_7$ 标准溶液 $[c(\frac{1}{6}K_2Cr_2O_7) = 0.05000mol \cdot L^{-1}]$:将 $K_2Cr_2O_7$ 在 $150 \sim 180℃$ 干燥 $2h$,置于干燥器中冷却至室温。准确称取 $0.6129g$ $K_2Cr_2O_7$ 于小烧杯中,加水溶解,定量转移至 $250mL$ 容量瓶中,用蒸馏水定容,摇匀。

$SnCl_2$($50g \cdot L^{-1}$);甲基橙指示剂($1g \cdot L^{-1}$);二苯胺磺酸钠溶液($2g \cdot L^{-1}$)。

材料:铁矿石粉。

五、实验内容

1. 铁矿石试样溶液的制备

准确称取铁矿石粉 $1.0 \sim 1.5g$ 于 $250mL$ 烧杯中,用少量水润湿,加入 $20mL$ 浓 HCl 溶液,盖上小表面皿,在通风柜中低温加热分解试样,若有带色不溶残渣,可滴加 $20 \sim 30$

滴 100g·L^{-1} $SnCl_2$ 溶液助溶。试样分解完全时,用少量水吹洗表面皿及锥形瓶壁,冷却后转移至 250mL 容量瓶中,用蒸馏水定容,摇匀。

2.铁矿石试样中铁含量的测定

移取试样溶液 25.00mL 于锥形瓶中,加 8mL 浓 HCl 溶液,加热至近沸,加入 6 滴甲基橙指示剂,趁热边摇动锥形瓶边逐滴加入 100g·L^{-1} $SnCl_2$ 溶液还原 Fe^{3+}。溶液由橙变红,再慢慢滴加 50g·L^{-1} $SnCl_2$ 溶液至溶液变成淡粉色,再摇几下直至粉色褪去(如刚加入 $SnCl_2$ 后红色立即褪去,说明 $SnCl_2$ 已过量,可补加 1 滴甲基橙指示剂,以除去稍过量的 $SnCl_2$,此时溶液呈现浅粉色,表明 $SnCl_2$ 已不过量)。立即流水冷却,加入 50mL 蒸馏水,20mL 硫-磷混酸,4 滴二苯胺磺酸钠溶液,立即(一加酸,马上开始滴,酸中 Fe^{2+} 极易被空气氧化)用 $K_2Cr_2O_7$ 标准溶液滴定到呈现稳定的紫红色(无色→浅绿→深绿→绿→紫)为终点。平行测定 3 次,计算矿石中铁的质量分数。

【注意事项】

Cr^{6+} 会污染环境,实验废液回收后统一处理,应将 Cr^{6+} 还原,加碱转化成 $Cr(OH)_3$ 后深埋。

【思考题】

1.为什么 $K_2Cr_2O_7$ 可用直接法配制标准溶液?

2.为什么要在低温下分解铁矿石?温度过高对结果会有什么影响?

3.$SnCl_2$ 还原 Fe^{3+} 是在什么条件下进行的?

4.实验中加入磷酸的目的是什么?

5.甲基橙和二甲酚橙的作用是什么?

六、数据记录与处理

请自行设计表格并计算、分析结果。

(裘　端)

实验 12　溴酸钾法测定苯酚含量

一、实验目的

1.掌握以溴酸钾法与间接碘量法配合测定苯酚的原理和方法。

2.掌握碘量瓶的使用方法。

二、实验原理

$KBrO_3$ 是一种强氧化剂,它在酸性溶液中的氧化还原半反应为

$$BrO_3^- + 6e^- + 6H^+ \rightleftharpoons Br^- + 3H_2O \qquad E^\ominus = 1.44V$$

$KBrO_3$ 试剂易提纯,可作为基准物质直接配制标准溶液,亦可采取碘量法标定,即在酸性 $KBrO_3$ 溶液中加入过量 KI,使生成与之计量相当的 I_2。

$$BrO_3^- + 6I^- + 6H^+ \Longrightarrow 3I_2 + Br^- + 3H_2O$$

再以淀粉为指示剂,用 $Na_2S_2O_3$ 标准溶液进行滴定。

溴酸钾法常与间接碘量法配合,用于测定有机物含量。Br_2 可以与许多有机物定量发生取代反应或加成反应,但其水溶液很不稳定,因此不适合作标准溶液。为此,可在 $KBrO_3$ 标准溶液中加入过量 KBr,将溶液酸化,生成与 $KBrO_3$ 计量相当的 Br_2。

$$BrO_3^- + 5Br^- + 6H^+ \Longrightarrow 3Br_2 + 3H_2O$$

此时的 $KBrO_3$ 标准溶液就相当于 Br_2 标准溶液。在苯酚中加入过量的 $KBrO_3$-KBr 标准溶液,酸化后生成的 Br_2 与苯酚发生取代反应。

反应完毕后,再加入过量的 I^-,使之与剩余的 Br_2 作用。

$$Br_2 + 2I^- \Longrightarrow 2Br^- + I_2$$

用 $Na_2S_2O_3$ 标准溶液滴定析出的 I_2,从而可以间接求得试液中苯酚的含量。

$$w(C_6H_5OH) = \frac{[c(BrO_3^-)V(BrO_3^-) - \frac{1}{6}c(S_2O_3^{2-})V(S_2O_3^{2-})]M(C_6H_5OH)}{m_s} \cdot 100\%$$

式中:$w(C_6H_5OH)$ 为试样中苯酚的质量分数;$c(BrO_3^-)V(BrO_3^-)$ 为 $KBrO_3$-KBr 总的物质的量,单位为 mol;$\frac{1}{6}c(S_2O_3^{2-})V(S_2O_3^{2-})$ 为与苯酚反应后剩余的溴的物质的量,单位为 mol;$M(C_6H_5OH)$ 为 C_6H_5OH 的摩尔质量,单位为 $g \cdot mol^{-1}$;m_s 为苯酚试样的质量,单位为 g。

苯酚是煤焦油的主要成分之一,广泛应用于消毒、杀菌,并作为合成高分子材料、染料、医药、农药的原料。由于苯酚的生产和应用造成了环境污染,因此它也是常规环境监测的主要项目之一。

三、预习要求

1.溴酸钾法、碘量法的基本原理。

2.碘量法的误差来源和避免措施。

3.碘量瓶操作方法。

四、仪器与试剂

仪器：酸式滴定管（50mL）；碘量瓶（250mL）；容量瓶（250mL）；移液管（10mL，25mL）；称量瓶；电子天平等。

试剂：

KBrO₃-KBr 标准溶液$[c(\frac{1}{6}KBrO_3)=0.1000mol\cdot L^{-1}]$：称取 2.7835g 溴酸钾，10g 溴化钾，用水溶解后转移至 1000mL 容量瓶中定容。

硫代硫酸钠标准溶液（0.1mol·L⁻¹）：称取 24.8g 硫代硫酸钠，溶于煮沸并冷却的蒸馏水中，加入 0.2g 无水 Na_2CO_3，稀释至 1L，贮存于棕色瓶中。

HCl 溶液（1：1）；KI 溶液（10%）；淀粉溶液（5g·L⁻¹）；NaOH 溶液（10%）；氯仿。

材料：苯酚试样。

五、实验内容

1. $Na_2S_2O_3$ 溶液浓度的标定

准确移取 25.00mL KBrO₃-KBr 标准溶液于 250mL 碘量瓶中，加入 25mL 水，10mL HCl 溶液，摇匀，盖上碘量瓶塞，放置 5～8min。然后微开碘量瓶塞，加入 KI 溶液 20mL，盖紧瓶塞，摇匀，再放置 5～8min。打开瓶塞，冲洗瓶塞、瓶颈及瓶内壁，用 $Na_2S_2O_3$ 溶液滴定至浅黄色。加入 2mL 淀粉溶液，继续滴定至蓝色消失即为终点。平行测定 3 次。

2. 苯酚试样中苯酚含量的测定

准确称取苯酚试样 0.2～0.3g，置于盛有 5mL 10% NaOH 溶液的 250mL 烧杯中，加入少量蒸馏水溶解。仔细将溶液转入 250mL 容量瓶中，用少量水洗涤烧杯数次，定量转移入容量瓶中，用蒸馏水稀释至刻度，充分摇匀。

用移液管吸取试液 10.00mL 于 250mL 碘量瓶中，用移液管准确加入 $c(\frac{1}{6}KBrO_3)=0.1000mol\cdot L^{-1}$ 的 KBrO₃-KBr 溶液 25.00mL。微开碘量瓶塞，加入 HCl 溶液 10mL，立即盖紧瓶盖，振摇 2min，用水封好瓶口，于暗处放置 15min，此时生成白色三溴苯酚沉淀和 Br₂。微开碘量瓶塞，加入 10% KI 溶液 10mL，盖紧瓶塞，充分振摇后，加氯仿 2mL，摇匀。打开瓶塞，冲洗瓶塞、瓶颈及瓶内壁，立即用 0.1mol·L⁻¹ $Na_2S_2O_3$ 标准溶液滴定，至溶液呈浅黄色时加入淀粉指示液 2mL，继续滴定至蓝色恰好消失即为终点。平行测定 3 次，计算苯酚的质量分数。

【注意事项】

1. 苯酚在水中溶解度较小，加入 NaOH 溶液后，生成易溶于水的苯酚钠。

2. 加 KI 溶液时不要打开瓶塞，只能稍松开瓶塞，将 KI 溶液沿瓶口内壁流入，以免 Br₂ 挥发损失。

3. 三溴苯酚沉淀易包裹 I₂，故在滴定近终点时，应剧烈振摇碘量瓶。

【思考题】

1. 本实验中使用的 KBrO₃-KBr 标准溶液是否需要标定出准确浓度？为什么？

2.本实验中先加入试样,再加入 KBrO₃-KBr 标准溶液,后加 HCl 溶液,为什么要这样做?

3.试样中加入氯仿的作用是什么?氯仿层应该是什么颜色?

4.说明实验过程每一步应出现的现象。

六、数据记录与处理

请自行设计表格并计算、分析结果。

(裘 端)

实验 13　硫代硫酸钠溶液浓度的标定及铜合金中铜含量的测定

一、实验目的

1.掌握硫代硫酸钠标准溶液浓度的标定方法。

2.掌握碘量法测定铜含量的原理及测定条件。

二、实验原理

1.硫代硫酸钠溶液浓度的标定

由于硫代硫酸钠($Na_2S_2O_3 \cdot 5H_2O$)不易提纯(含少量杂质,如 S、Na_2SO_3、Na_2SO_4、Na_2CO_3 及 NaCl 等),易风化和潮解,其溶液易受空气及水中 CO_2、O_2、微生物等的作用而分解析出 S 等,因此不能直接配制其准确浓度的标准溶液。通常用新煮沸(除氧、杀菌)并冷却的蒸馏水来配制,并加入少量 Na_2CO_3 使溶液呈弱碱性(抑制细菌生长),贮存在棕色瓶中于暗处放置 8~12d 后再标定。长期使用的溶液应定期标定。

标定硫代硫酸钠的基准物质有 $K_2Cr_2O_7$、$KBrO_3$、KIO_3 等,其中 $K_2Cr_2O_7$ 较为常用。$K_2Cr_2O_7$ 先与过量的 KI 反应,析出与 $K_2Cr_2O_7$ 计量相当的 I_2。

$$K_2Cr_2O_7 + 6KI + 14HCl \Longrightarrow 2CrCl_3 + 8KCl + 3I_2 + 7H_2O$$

析出的 I_2 再用 $Na_2S_2O_3$ 标准溶液滴定。

$$I_2 + 2Na_2S_2O_3 \Longrightarrow 2NaI + Na_2S_4O_6$$

根据所用 $K_2Cr_2O_7$ 的量和 $Na_2S_2O_3$ 溶液所用体积及两者间的计量关系,即可求出 $Na_2S_2O_3$ 标准溶液的准确浓度。

$$c(\mathrm{Na_2S_2O_3}) = \frac{6m(\mathrm{K_2Cr_2O_7})}{M(\mathrm{K_2Cr_2O_7})V(\mathrm{Na_2S_2O_3})}$$

式中：$c(\mathrm{Na_2S_2O_3})$ 为 $\mathrm{Na_2S_2O_3}$ 标准溶液的浓度，单位为 $\mathrm{mol \cdot L^{-1}}$；$m(\mathrm{K_2Cr_2O_7})$ 为 配制 $\mathrm{K_2Cr_2O_7}$ 标准溶液准确称取的 $\mathrm{K_2Cr_2O_7}$ 质量，单位为 g；$M(\mathrm{K_2Cr_2O_7})$ 为 $\mathrm{K_2Cr_2O_7}$ 的摩尔质量，单位为 $\mathrm{g \cdot mol^{-1}}$；$V(\mathrm{Na_2S_2O_3})$ 为滴定 $\mathrm{K_2Cr_2O_7}$ 所消耗的 $\mathrm{Na_2S_2O_3}$ 标准溶液的体积，单位为 L。

2.铜合金中铜的测定

铜合金分解后，在弱酸性溶液中，$\mathrm{Cu^{2+}}$ 与过量 KI 作用，生成 CuI 沉淀，同时定量析出 $\mathrm{I_2}$。

$$2\mathrm{Cu^{2+}} + 4\mathrm{I^-} === 2\mathrm{CuI}\downarrow + \mathrm{I_2} \quad \text{或} \quad 2\mathrm{Cu^{2+}} + 5\mathrm{I^-} === 2\mathrm{CuI}\downarrow + \mathrm{I_3^-}$$

以淀粉为指示剂，用 $\mathrm{Na_2S_2O_3}$ 标准溶液滴定析出的碘。

$$\mathrm{I_2} + 2\mathrm{S_2O_3^{2-}} === 2\mathrm{I^-} + \mathrm{S_4O_6^{2-}}$$

按下式计算铜合金中铜含量：

$$w(\mathrm{Cu}) = \frac{c(\mathrm{Na_2S_2O_3})V(\mathrm{Na_2S_2O_3})M(\mathrm{Cu})}{m_s} \cdot 100\%$$

式中：$w(\mathrm{Cu})$ 为铜合金中铜的质量分数；$V(\mathrm{Na_2S_2O_3})$ 为 $\mathrm{Na_2S_2O_3}$ 溶液滴定铜试样溶液时消耗的体积，单位为 L；$M(\mathrm{Cu})$ 为铜的摩尔质量，单位为 $\mathrm{g \cdot mol^{-1}}$；$m_s$ 为铜合金试样的质量，单位为 g。

$\mathrm{Cu^{2+}}$ 与 $\mathrm{I^-}$ 之间的反应是可逆的，任何引起 $\mathrm{Cu^{2+}}$ 浓度减小或引起 CuI 溶解度增大的因素均会使反应不完全。因此，可加入过量的 KI 使反应趋于完全。其中，KI 既是 $\mathrm{Cu^{2+}}$ 的还原剂，又是生成的 CuI 的沉淀剂，同时，还是生成的 $\mathrm{I_2}$ 的配位剂（$\mathrm{I_3^-}$），以增加 $\mathrm{I_2}$ 的溶解度，减少 $\mathrm{I_2}$ 的挥发。

由于 CuI 沉淀会强烈吸附 $\mathrm{I_3^-}$ 而使测定结果偏低，故可在临近终点时加入 $\mathrm{SCN^-}$ 使 CuI（$K_{sp}=1.1\times10^{-12}$）转化为溶解度更小的 CuSCN（$K_{sp}=4.8\times10^{-15}$）沉淀，以释放出被吸附的 $\mathrm{I_3^-}$。

$$\mathrm{CuI} + \mathrm{SCN^-} === \mathrm{CuSCN}\downarrow + \mathrm{I^-}$$

释放出的 $\mathrm{I^-}$ 与未作用的 $\mathrm{Cu^{2+}}$ 发生反应，这样就使得 $\mathrm{Cu^{2+}}$ 被 $\mathrm{I^-}$ 还原的反应在较少 KI 存在时也能进行完全，同时也改善了终点，降低了误差。但 $\mathrm{SCN^-}$ 只能在接近终点时加入，否则有可能直接还原 $\mathrm{Cu^{2+}}$，使结果偏低。

$$6\mathrm{Cu^{2+}} + 7\mathrm{SCN^-} + 4\mathrm{H_2O} === 6\mathrm{CuSCN}\downarrow + \mathrm{SO_4^{2-}} + \mathrm{CN^-} + 8\mathrm{H^+}$$

$\mathrm{Cu^{2+}}$ 被 $\mathrm{I^-}$ 还原的 pH 值一般控制在 3～4。若酸度过低，则 $\mathrm{Cu^{2+}}$ 会水解，使反应不完全，结果偏低，且反应速度慢，终点拖后；若酸度过高，则 $\mathrm{I^-}$ 又易被空气中的 $\mathrm{O_2}$ 氧化为 $\mathrm{I_2}$，使结果偏高。

试液中的 $\mathrm{Fe^{3+}}$ 能氧化 $\mathrm{I^-}$，对测定有干扰。

$$2\mathrm{Fe^{3+}} + 2\mathrm{I^-} === 2\mathrm{Fe^{2+}} + \mathrm{I_2}$$

加入 $\mathrm{NH_4HF_2}$ 可掩蔽 $\mathrm{Fe^{3+}}$。同时，$\mathrm{NH_4HF_2}$ 是一种很好的缓冲溶液，可使溶液的 pH 值控制在 3～4。

三、预习要求

1. 硫代硫酸钠的性质和标定方法。
2. 间接碘量法测定铜的原理和方法。
3. 碘量法的误差来源和避免措施。

四、仪器与试剂

仪器：酸式滴定管（50mL）；碘量瓶（250mL）；容量瓶（250mL）；移液管（25mL）；电子天平；电炉等。

试剂：

$Na_2S_2O_3$ 溶液（0.1mol·L^{-1}）；KI（固体）；$K_2Cr_2O_7$（基准试剂）；H_2O_2 溶液（30％）；NH_4SCN 溶液（10％）；HCl 溶液（1∶1）；NH_4HF_2 溶液（20％）；HAc 溶液（1∶1）；氨水（1∶1）；

淀粉溶液（0.5％）：称取可溶性淀粉 0.5g，加少量水搅匀后，加入 100mL 沸水，搅拌下继续煮沸至溶液透明为止。加热时间不可过长，溶液应迅速冷却。为防腐可加 10mg HgI_2 或 $ZnCl_2$。

材料：铜合金试样。

五、实验内容

1. $K_2Cr_2O_7$ 标准溶液的配制

将 $K_2Cr_2O_7$ 在 150～180℃下烘干 2h，放入干燥器中冷至室温。用减量法准确称取 1.2～1.3g 于 100mL 烧杯中，加水溶解后转移至 250mL 容量瓶中，用蒸馏水定容，摇匀，计算 $K_2Cr_2O_7$ 溶液的准确浓度。

2. $Na_2S_2O_3$ 标准溶液浓度的标定

各准确吸取 3 份 25.00mL $K_2Cr_2O_7$ 标准溶液于 250mL 碘量瓶中，加 1∶1 HCl 溶液 5mL，KI 1g，摇匀。置于暗处 5min，待反应完全后，加蒸馏水 60～70mL，用待标定的 $Na_2S_2O_3$ 溶液滴定至呈淡黄绿色，然后加 0.5％淀粉指示剂 2mL，继续滴定至溶液由蓝色变为亮绿色即为终点。计算 $Na_2S_2O_3$ 溶液的浓度。

3. 铜合金中铜的测定

各准确称取 3 份 0.2g 铜合金试样于 250mL 锥形瓶中，加 1∶1 HCl 溶液 10mL，30％ H_2O_2 溶液 2mL，加热，使试样溶解完全后，再加热使 H_2O_2 分解，赶尽 H_2O_2。煮沸 1～2min，但不要使溶液蒸干。冷却后，加水 60mL，滴加 1∶1 氨水，至溶液中刚有沉淀生成，然后加 1∶1 HAc 溶液 8mL，20％ NH_4HF_2 溶液 10mL，KI 2g（每加完一次均摇匀溶液），于暗处放置 5min。用 $Na_2S_2O_3$ 标准溶液滴定至呈浅黄色，加 0.5％淀粉指示剂 3mL，继续滴定至溶液呈浅蓝色，加 10％ NH_4SCN 溶液 10mL，再滴定至蓝色消失（此时因为存在白色沉淀物，溶液颜色呈灰白色或肉色），计算铜的含量及相对平均偏差。

【注意事项】

1. 标定 $Na_2S_2O_3$ 时,滴定至终点后,经过 5min 以上,溶液又变为蓝色,这是空气中的氧氧化 I^- 成 I_2 所致,不影响结果。若滴定至终点后很快又转变为蓝色,则是由于 KI 与 $K_2Cr_2O_7$ 反应不完全引起的,应另取溶液重新标定。

2. 滴加 H_2O_2 不宜过快,滴加完 H_2O_2 后,不要过快加热,否则 H_2O_2 会很快分解而失去作用。

3. H_2O_2 分解时有细小气泡产生,与溶液沸腾时的现象有明显区别。

4. 加淀粉指示剂不要过早,否则终点不明显。

【思考题】

1. 铜合金试样能否用 HNO_3 分解? 为什么?

2. 测定铜时加入 NH_4SCN 的作用是什么? 应在何时加入?

3. 为什么加入 NH_4HF_2? 为什么加入 NH_4HF_2 能控制溶液的 pH 为 3～4?

4. 碘量法误差来源主要是 I^- 的氧化和 I_2 的挥发,结合本实验说明应如何避免。

5. 试写出 HCl 和 H_2O_2 分解铜试样的反应式。

六、数据记录与处理

请自行设计表格并计算、分析结果。

（裘　端）

实验 14　硫化钠总还原能力的测定

一、实验目的

1. 了解硫化钠中还原性物质的组成。

2. 掌握返滴定法测定硫化钠总还原能力的基本原理、方法和有关计算。

3. 熟悉碘量瓶的操作。

二、实验原理

硫化钠中常含有 Na_2SO_3 及 $Na_2S_2O_3$ 等还原性物质,它们与 Na_2S 一样也能与 I_2 反应,因此,可借助返滴定碘量法测定硫化钠试样中 Na_2S 的含量(即 Na_2S 的总还原能力)。

将硫化钠试样溶解后,滴加到有过量碘的酸性溶液中,其中的 Na_2S、Na_2SO_3 及 $Na_2S_2O_3$ 等均被 I_2 氧化,所涉及的反应有:

$$S^{2-} + I_2 \Longrightarrow S\downarrow + 2I^-$$
$$SO_3^{2-} + I_2 + H_2O \Longrightarrow SO_4^{2-} + 2I^- + 2H^+$$
$$2S_2O_3^{2-} + I_2 \Longrightarrow 2I^- + S_4O_6^{2-}$$

过量的 I_2 用 $Na_2S_2O_3$ 标准溶液回滴,以淀粉指示剂确定终点,根据 I_2 的总量和 $Na_2S_2O_3$ 的用量可以求得 Na_2S 含量。

$$w(Na_2S) = \frac{\left[c(I_2)V(I_2) - \frac{1}{2}c(Na_2S_2O_3)V(Na_2S_2O_3)\right]M(Na_2S)}{m_s} \cdot 100\%$$

式中:$w(Na_2S)$ 为试样中 Na_2S 的质量分数;$c(I_2)$ 为 I_2 标准溶液的浓度,单位为 $mol \cdot L^{-1}$;$V(I_2)$ 为加入 I_2 标准溶液的体积,单位为 L;$c(Na_2S_2O_3)$ 为 $Na_2S_2O_3$ 标准溶液的浓度,单位为 $mol \cdot L^{-1}$;$V(Na_2S_2O_3)$ 为滴定剩余 I_2 所消耗的 $Na_2S_2O_3$ 标准溶液的体积,单位为 L;m_s 为硫化钠试样的质量,单位为 g。

三、预习要求

1. 碘量法的分类与测定原理。
2. 硫化钠的性质。

四、仪器与试剂

仪器:酸式滴定管(50mL);碘量瓶(250mL);容量瓶(250mL);移液管(25mL,50mL);电子天平等。

试剂:$Na_2S_2O_3$ 标准溶液($0.1000mol \cdot L^{-1}$);I_2 标准溶液($0.05000mol \cdot L^{-1}$);HCl 溶液(1:1);淀粉指示剂($5g \cdot L^{-1}$)。

材料:Na_2S 试样。

五、实验内容

1. 硫化钠试样的制备

准确称取 10g 硫化钠试样,置于小烧杯中,加水溶解,转入 250mL 容量瓶中,加水稀释至刻度,摇匀。

2. 硫化钠质量分数的测定

在碘量瓶中,加入 50.00mL I_2 标准溶液,20.00mL 蒸馏水(温度不超过10℃)及6mL 1:1 HCl 溶液。边摇动边准确滴加 25.00mL Na_2S 试样溶液。然后用 $0.1mol \cdot L^{-1}$ 的 $Na_2S_2O_3$ 标准溶液滴定至浅黄色,加 3mL 淀粉指示剂,继续滴定至溶液蓝色刚好消失为终点。平行测定3次,记录消耗 $Na_2S_2O_3$ 标准溶液的体积。

【思考题】

1. 碘量法测定硫化钠时,为什么先加 I_2 标准溶液和 HCl 溶液,然后再滴加 Na_2S 试样溶液?

2. 说明测定硫化钠总还原能力的基本原理。

六、数据记录与处理

请自行设计表格并计算、分析结果。

（裘 端）

实验 15　莫尔法测定氯化物中氯含量

一、实验目的

1.掌握莫尔法测定氯化物的基本原理。
2.掌握莫尔法测定氯含量的反应条件、实验操作。

二、实验原理

莫尔法是在中性或弱碱性溶液中，以 K_2CrO_4 为指示剂，用 $AgNO_3$ 标准溶液直接滴定待测试液中的 Cl^-。主要反应如下：

$$Ag^+ + Cl^- =\!=\!= AgCl\downarrow（白色）$$
$$2Ag^+ + CrO_4^{2-} =\!=\!= Ag_2CrO_4\downarrow（砖红色）$$

由于 AgCl 的溶解度小于 Ag_2CrO_4，所以首先析出 AgCl，当 AgCl 定量沉淀后，稍过量的 Ag^+ 即与 CrO_4^{2-} 形成砖红色的 Ag_2CrO_4 沉淀，使溶液略带砖红色，指示到达终点。

指示剂的用量对滴定有影响，一般以 $5\times10^{-3}\,mol\cdot L^{-1}$ 为宜。凡是能与 Ag^+ 生成难溶性化合物或配合物的阴离子都干扰测定，如 PO_4^{3-}、SO_3^{2-}、S^{2-}、CO_3^{2-}、$C_2O_4^{2-}$ 等。其中，H_2S 可加热煮沸除去，SO_3^{2-} 被氧化成 SO_4^{2-} 后不再干扰测定。大量 Cu^{2+}、Ni^{2+}、Co^{2+} 等有色离子将影响终点观察。凡是能与 CrO_4^{2-} 指示剂生成难溶化合物的阳离子也干扰测定，如 Ba^{2+}、Pb^{2+} 能与 CrO_4^{2-} 分别生成 $BaCrO_4$ 和 $PbCrO_4$ 沉淀，Ba^{2+} 的干扰可加入过量的 Na_2SO_4 消除。Al^{3+}、Fe^{3+}、Bi^{3+}、Sn^{4+} 等高价金属离子在中性或弱碱性溶液中易水解产生沉淀，会干扰测定。

根据滴定所消耗的 $AgNO_3$ 标准溶液的体积，按下式计算样品中氯的含量：

$$w(NaCl) = \frac{c(AgNO_3)V(AgNO_3)M(NaCl)}{m_s}\cdot 100\%$$

式中：$w(NaCl)$ 为试样中 NaCl 的质量分数；$c(AgNO_3)$ 为 $AgNO_3$ 标准溶液的浓度，单位为 $mol\cdot L^{-1}$；$V(AgNO_3)$ 为 $AgNO_3$ 标准溶液消耗的体积，单位为 L；$M(NaCl)$ 为 NaCl 的摩尔质量，单位为 $g\cdot mol^{-1}$；m_s 为试样的质量，单位为 g。

三、预习要求

1.氯含量的测定方法、原理和测定介质。

2.莫尔法的原理、指示剂和误差来源。

3.$AgNO_3$溶液浓度的标定方法。

四、仪器与试剂

仪器:酸式滴定管(50mL);锥形瓶(250mL);容量瓶(100mL);移液管(25mL);吸量管(1mL 或 2mL);电子天平等。

试剂:$AgNO_3$(分析纯);NaCl(优级纯,使用前在高温电炉中于 500~600℃下干燥 2~3h,贮于干燥器内备用);K_2CrO_4 溶液($50g \cdot L^{-1}$)。

材料:NaCl 试样(氯的质量分数约为 60%)。

五、实验内容

1.$0.10mol \cdot L^{-1} AgNO_3$ 溶液的配制与标定

称取 $AgNO_3$ 晶体 8.5g 于小烧杯中,用少量水溶解后,转入棕色试剂瓶中,稀释至 500mL 左右,摇匀置于暗处备用。

准确称取 0.55~0.60g 基准试剂 NaCl 于小烧杯中,用水溶解完全后,定量转移到 100mL 容量瓶中,稀释至刻度,摇匀。用移液管移取 25.00mL 此溶液置于 250mL 锥形瓶中,加 25mL 水,用吸量管加入 1mL $50g \cdot L^{-1} K_2CrO_4$ 溶液,在不断摇动下,用 $AgNO_3$ 溶液滴定至溶液微呈砖红色即为终点。平行测定 3 次,计算 $AgNO_3$ 溶液的浓度。

2.试样中 Cl^- 含量的测定

准确称取 NaCl 试样 1.6g 左右于小烧杯中,加水溶解后,定量转入 250mL 容量瓶中,稀释至刻度,摇匀。准确移取 25.00mL 试液 3 份,分别置于 250mL 锥形瓶中,加水 25mL,用吸量管加入 $50g \cdot L^{-1} K_2CrO_4$ 溶液 1mL,在不断摇动下,用 $AgNO_3$ 标准溶液滴定至溶液呈砖红色即为终点。根据试样质量、$AgNO_3$ 标准溶液的浓度和消耗量,计算试样中 Cl^- 的含量。

实验完毕,将装有 $AgNO_3$ 溶液的滴定管先用蒸馏水冲洗两三次,再用自来水冲洗,以免 AgCl 残留于管内。

【思考题】

1.配制好的 $AgNO_3$ 溶液要贮于棕色瓶中,并置于暗处,为什么?

2.能否用莫尔法以 NaCl 标准溶液直接滴定 Ag^+?为什么?

3.本实验中指示剂为什么用吸量管加入?指示剂用量过多或过少,对滴定结果有何影响?

六、数据记录与处理

请自行设计表格并计算、分析结果。

(裘　端)

实验 16　佛尔哈德法测定氯化物中氯含量

一、实验目的

1. 学习 NH_4SCN 标准溶液的配制和标定方法。
2. 掌握佛尔哈德法返滴定氯化物中氯含量的原理和方法。

二、实验原理

在含 Cl^- 的酸性溶液中,加入一定量的 Ag^+ 标准溶液,定量生成 $AgCl$ 沉淀后,过量的 Ag^+ 以铁铵矾为指示剂,用 NH_4SCN 标准溶液进行返滴定,由 $Fe(SCN)^{2+}$ 配离子的红色来指示滴定终点。主要反应为

$$Ag^+ + Cl^- \Longrightarrow AgCl \downarrow （白色）$$
$$Ag^+ + SCN^- \Longrightarrow AgSCN \downarrow （白色）$$
$$Fe^{3+} + SCN^- \Longrightarrow Fe(SCN)^{2+} （红色）$$

指示剂用量大小对滴定有影响,一般控制 Fe^{3+} 浓度为 $0.015mol \cdot L^{-1}$。

滴定时,控制 H^+ 浓度为 $0.1 \sim 1mol \cdot L^{-1}$,剧烈摇动溶液,并加入硝基苯(有毒)或 1,2-二氯乙烷保护 $AgCl$ 沉淀,使其与溶液隔开,防止 $AgCl$ 与 SCN^- 发生沉淀转化反应而消耗滴定剂。

测定时,凡能与 SCN^- 生成沉淀,或生成配合物,或能氧化 SCN^- 的物质均有干扰;PO_4^{3-}、AsO_4^{3-}、CrO_4^{2-} 等离子由于酸效应的作用不影响测定。

佛尔哈德法常用于直接滴定银合金或银矿石中的银。

返滴定法测定样品中的氯含量,按下式进行计算:

$$w(NaCl) = \frac{[c(AgNO_3)V(AgNO_3) - c(NH_4SCN)V(NH_4SCN)]M(NaCl)}{m_s} \cdot 100\%$$

式中:$w(NaCl)$ 为试样中 $NaCl$ 的质量分数;$c(AgNO_3)$ 为 $AgNO_3$ 标准溶液的浓度,单位为 $mol \cdot L^{-1}$;$V(AgNO_3)$ 为试样溶液中加入的 $AgNO_3$ 标准溶液的体积,单位为 L;$c(NH_4SCN)$ 为 NH_4SCN 标准溶液的浓度,单位为 $mol \cdot L^{-1}$;$V(NH_4SCN)$ 为返滴定消耗的 NH_4SCN 标准溶液的体积,单位为 L;$M(NaCl)$ 为 $NaCl$ 的摩尔质量,单位为 $g \cdot mol^{-1}$;m_s 为试样的质量,单位为 g。

三、预习要求

1. 佛尔哈德法测定氯含量的原理、指示剂和误差来源。
2. NH_4SCN 溶液浓度的标定原理和方法。

四、仪器与试剂

仪器:酸式滴定管(50mL);锥形瓶(250mL);容量瓶(250mL);移液管(25mL);吸量管(1mL 或 2mL);电子天平等。

试剂：

AgNO₃ 溶液（0.1mol·L⁻¹）；铁铵矾指示剂溶液（400g·L⁻¹）；HNO₃ 溶液（1mol·L⁻¹）；HNO₃ 溶液（1∶1，若含有氮的氧化物而呈黄色，应煮沸驱除）；硝基苯。

NH₄SCN 溶液（0.1mol·L⁻¹）：称取 3.8g NH₄SCN，用 500mL 水溶解后转入试剂瓶。

材料：NaCl 试样（见莫尔法）。

五、实验内容

1. NH₄SCN 溶液浓度的标定

用移液管移取 AgNO₃ 标准溶液 25.00mL 于 250mL 锥形瓶中，加入 1∶1 HNO₃ 溶液 5mL，铁铵矾指示剂 1.0mL，然后用 NH₄SCN 溶液滴定。滴定时，剧烈摇动溶液，当溶液颜色为淡红色且稳定不变时，即为终点。平行滴定 3 次，计算 NH₄SCN 溶液浓度。

2. 试样中 Cl⁻ 含量的测定

准确称取约 2g NaCl 试样于 50mL 烧杯中，加水溶解后，转入 250mL 容量瓶中，稀释至刻度，摇匀。

用移液管移取 25.00mL 试样溶液于 250mL 锥形瓶中，加 25mL 水，5mL 1∶1 HNO₃ 溶液，由滴定管加入 AgNO₃ 标准溶液至过量 5～10mL（加入 AgNO₃ 标准溶液，生成 AgCl 白色沉淀，接近计量点时，AgCl 要凝聚，震荡溶液，再让其静置片刻，使沉淀沉降，然后滴加几滴 AgNO₃ 标准溶液到清液层，如不生成沉淀，说明 AgNO₃ 已过量，这时再适当加 5～10mL AgNO₃ 标准溶液即可），然后加入 2mL 硝基苯，用橡皮塞塞住瓶口，剧烈震荡半分钟，使 AgCl 沉淀进入硝基苯层而与溶液隔开。再加入铁铵矾指示剂 1.0mL，用 NH₄SCN 标准溶液滴定至出现稳定的淡红色，即为终点。平行测定 3 次，计算 NaCl 试样中氯的含量。

【思考题】

1. 佛尔哈德法测氯时为什么要加入二氯乙烷或硝基苯？用此法测定 Br⁻ 或 I⁻ 时，还需要加入二氯乙烷或硝基苯吗？

2. 讨论酸度对佛尔哈德法测定卤素离子含量时的影响。

3. 本实验为什么用 HNO₃ 酸化？可否用 HCl 溶液或 H₂SO₄ 溶液酸化？为什么？

六、数据记录与处理

请自行设计表格并计算、分析结果。

（裴 端）

实验 17 可溶性硫酸盐中硫含量的测定

一、实验目的

1. 了解沉淀重量法测定硫的基本原理。
2. 掌握沉淀重量法的基本操作。

二、实验原理

将可溶性硫酸盐试样溶于水,加稀盐酸酸化并加热近沸,在不断搅拌下,缓慢滴加热的 $BaCl_2$ 稀溶液,使生成难溶性硫酸钡沉淀。

$$Ba^{2+} + SO_4^{2-} =\!=\!= BaSO_4 \downarrow (白)$$

硫酸钡 $[K_{sp}(BaSO_4) = 1.1 \times 10^{-10}]$ 是典型的晶形沉淀,溶解度小,组成与其化学式相符合,化学性质非常稳定。因此,应完全按照晶形沉淀的处理方法,所得沉淀经陈化后,过滤、洗涤、干燥和灼烧,最后以硫酸钡的形式进行称量,即可求得试样中硫的含量。

采用此法测定试样中硫含量(以 SO_3 表示),可按下式进行计算:

$$w(SO_3) = \frac{m(BaSO_4)\dfrac{M(SO_3)}{M(BaSO_4)}}{m_s} \cdot 100\%$$

式中:$w(SO_3)$ 为试样中 SO_3 的质量分数;$m(BaSO_4)$ 为 $BaSO_4$ 的质量,单位为 g;$M(SO_3)$ 为 SO_3 的摩尔质量,单位为 $g \cdot mol^{-1}$;$M(BaSO_4)$ 为 $BaSO_4$ 的摩尔质量,单位为 $g \cdot mol^{-1}$;m_s 为试样的质量,单位为 g。

$BaSO_4$ 重量法测定 SO_4^{2-} 这一方法应用非常广泛,磷肥、萃取磷酸、水泥以及有机物中硫含量测定等,均可用此法分析。

实验中加入稀盐酸,有以下作用:①可适当提高硫酸钡沉淀的溶解度,以得到较大晶粒的沉淀,有利于过滤沉淀;②溶液中若含有草酸根、磷酸根、碳酸根时,可抑制其与钡离子反应生成相应的沉淀,因此,在盐酸存在下,这些阴离子不会干扰硫的测定;③还可防止一些盐类的水解作用,如微量铁、铝等离子。

硫酸钡沉淀的干燥一般采用高温灼烧的方法。但刚刚过滤后的硫酸钡沉淀不能立即高温灼烧,因为滤纸炭化后对硫酸钡沉淀有还原作用。

$$BaSO_4 + 2C =\!=\!= BaS \downarrow + 2CO_2 \uparrow$$

因此,应先以小火使带有沉淀的滤纸慢慢灰化变黑(但绝不能着火,如不慎着火,应立即盖上坩埚盖使其熄灭,否则除发生反应外,热空气流的形成会吹走沉淀),然后再进行高温灼烧,这一点在操作过程中必须特别注意。

如已发生还原作用,微量的硫化钡在充足空气中可能氧化而重新成为硫酸钡。

$$BaS + 2O_2 =\!=\!= BaSO_4 \downarrow$$

对于灼烧达到恒重的沉淀,上述氧化作用已经结束,沉淀不会含有硫化钡。另外,灼烧沉淀的温度不应超过 1000℃,且时间不宜太长,以免因发生下列反应而引起误差,使结果偏低。

$$BaSO_4 \xrightarrow{\triangle} BaO + SO_3 \uparrow$$

三、预习要求

1. 沉淀重量法的基本步骤。
2. 晶形沉淀的制备、过滤、洗涤、灼烧及恒重等基本操作技术。

四、仪器与试剂

仪器：瓷坩埚（25mL）；定量滤纸（慢速或中速）；淀帚；玻璃漏斗；烧杯等。

试剂：盐酸（2mol·L^{-1}）；氯化钡溶液（10%）；硝酸银溶液（0.1mol·L^{-1}）。

材料：Na$_2$SO$_4$（工业品）。

五、实验内容

1. 称样及沉淀的制备

准确称取在 100～200℃ 干燥过的试样 2 份，各 0.3g，分别置于 400mL 烧杯中，用水 50mL 溶解，加入盐酸 6mL，加水稀释到约 200mL，盖上表面皿加热近沸。

各取 2 份 10%氯化钡溶液 10mL，分别置于 2 只 100mL 烧杯中，加水 40mL，加热至沸。在不断搅拌下，趁热用滴管吸取稀氯化钡溶液，逐滴加入试液中，沉淀作用完毕后，静置 2min，待硫酸钡下沉，于上层清液中加 1～2 滴氯化钡溶液，仔细观察有无浑浊出现，以检验沉淀是否完全。盖上表面皿微沸 10min，在室温下陈化 12h，以使试液悬浮的微小晶粒完全沉下，溶液澄清。

2. 沉淀的过滤和洗涤

分别取慢速或中速定量滤纸两张，按漏斗的大小折好滤纸，使其与漏斗很好地贴合，按操作规程以去离子水润湿，并使漏斗颈内留有水柱，将漏斗置于漏斗架上，两只漏斗下面各放一只烧杯，利用倾泻法小心地把上层清液沿玻璃棒慢慢倾入已准备好的漏斗中，尽可能不让沉淀倒入漏斗滤纸上，以免堵塞滤纸，降低沉淀的过滤与洗涤速度。当烧杯中清液倾注完后，用热水洗涤沉淀 4 次（倾泻法），然后将沉淀定量转移到滤纸上，再用热水洗涤七八次，用硝酸银检验不显浑浊（表示无氯离子）为止。

3. 空瓷坩埚的恒重

将两只洁净的瓷坩埚放在（800±20）℃的马弗炉中灼烧至恒重（第 1 次灼烧 40min，第 2 次后每次只灼烧 20min）。

4. 沉淀的灼烧和恒重

沉淀洗净后，将盛有沉淀的滤纸折叠成小包，移入已灼烧至恒重的瓷坩埚中烘干、炭化、灰化，再置于 800℃的马弗炉中灼烧 1h，取出，置于干燥器内冷却至室温，称量。根据所得硫酸钡称量形式的质量，计算试样中 SO$_3$ 的含量。

【思考题】

1. 沉淀硫酸钡时为什么要在稀溶液、稀盐酸介质中进行？搅拌的目的是什么？

2.为什么沉淀硫酸钡要在热溶液中进行,而在冷却后过滤?沉淀后为什么要陈化?

3.用倾泻法过滤有什么优点?

4.如何洗涤沉淀效果好?

六、数据记录与处理

请自行设计表格并计算、分析结果。

(黄 凌)

实验 18 氯化钡纯度的测定

一、实验目的

1.了解测定 $BaCl_2 \cdot 2H_2O$ 中钡含量的原理和方法。

2.掌握晶形沉淀的制备、过滤、洗涤、灼烧及恒重的基本操作技术。

二、实验原理

$BaSO_4$ 重量法既可用于测定 Ba^{2+} 的含量,也可用于测定 SO_4^{2-} 的含量(原理参见实验 17)。

称取一定量的 $BaCl_2 \cdot 2H_2O$,以水溶解,加稀 HCl 溶液酸化,加热至微沸,在不断搅动的条件下,慢慢地加入稀、热的 H_2SO_4 溶液,Ba^{2+} 与 SO_4^{2-} 反应,形成晶形沉淀。沉淀经陈化、过滤、洗涤、烘干、炭化、灰化、灼烧后,以 $BaSO_4$ 形式称量,可求出 $BaCl_2 \cdot 2H_2O$ 中钡的含量。

Ba^{2+} 可与一些阴离子反应生成一系列微溶或难溶化合物,如 $BaCO_3$、BaC_2O_4、$BaCrO_4$、$BaHPO_4$ 和 $BaSO_4$ 等,其中以 $BaSO_4$ 溶解度最小。

为了防止产生 $BaCO_3$、$BaHPO_4$ 等沉淀以及防止生成 $Ba(OH)_2$ 共沉淀,$BaSO_4$ 沉淀重量法一般在 $0.05mol \cdot L^{-1}$ 盐酸介质中进行沉淀。同时,适当提高酸度,可增加 $BaSO_4$ 在沉淀过程中的溶解度,以降低其相对过饱和度,有利于获得较好的晶形沉淀。

用 $BaSO_4$ 重量法测定 Ba^{2+} 时,一般用稀 H_2SO_4 溶液作沉淀剂。为了使 $BaSO_4$ 沉淀完全,H_2SO_4 必须过量。由于 H_2SO_4 在高温下可挥发除去,故过量的 H_2SO_4 不会引起误差,因此,沉淀剂可过量 $50\% \sim 100\%$。$PbSO_4$、$SrSO_4$ 的溶解度均较小,所以 Pb^{2+}、Sr^{2+} 对钡的测定有干扰。NO_3^-、ClO_3^-、Cl^- 等阴离子和 K^+、Na^+、Ca^{2+}、Fe^{3+} 等阳离子均可以

引起共沉淀现象,故应严格控制沉淀条件,减少共沉淀现象,以获得纯净的 $BaSO_4$ 晶形沉淀。

三、预习要求

1. 重量分析法的基本步骤。
2. 晶形沉淀的制备、过滤、洗涤、灼烧及恒重等基本操作。

四、仪器与试剂

仪器:瓷坩埚(25mL);定量滤纸(慢速或中速);淀帚;玻璃漏斗;烧杯等。

试剂:H_2SO_4 溶液(1:1,1mol·L^{-1},0.1mol·L^{-1});HCl 溶液(2mol·L^{-1});HNO_3 溶液(2mol·L^{-1});$AgNO_3$ 溶液(0.1mol·L^{-1})。

材料:$BaCl·2H_2O$(工业品)。

五、实验内容

1. 称样及沉淀的制备

准确称取 2 份 0.4~0.6g $BaCl_2$·$2H_2O$ 试样,分别置于 250mL 烧杯中,加入约 100mL 水,3mL HCl 溶液,搅拌溶解,加热至近沸。

沉淀:取 4mL 1mol·L^{-1} H_2SO_4 溶液 2 份于 2 只 100mL 烧杯中,加水 30mL,加热至近沸,趁热将 2 份 H_2SO_4 溶液分别用小滴管逐滴加入 2 份热的钡盐溶液中,并用玻璃棒不断搅拌,直至 2 份 H_2SO_4 溶液加完为止。待 $BaSO_4$ 沉淀下沉后,于上层清液中加入 1~2 滴 0.1mol·L^{-1} H_2SO_4 溶液,仔细观察沉淀是否完全。沉淀完全后,盖上表面皿(切勿将玻璃棒拿出杯外),放置过夜进行陈化,也可将沉淀放在水浴或砂浴上,保温 40min 陈化。

2. 沉淀的过滤和洗涤

取慢速或中速定量滤纸两张,按漏斗的大小折好滤纸,使其与漏斗很好地贴合,按操作规程以去离子水润湿,并使漏斗颈内留有水柱,将漏斗置于漏斗架上,两只漏斗下面各放一只烧杯,利用倾泻法小心地把上层清液沿玻璃棒慢慢倾入已准备好的漏斗中,尽可能不让沉淀倒入漏斗滤纸上,以免堵塞滤纸,减慢沉淀的过滤与洗涤速度。

用稀 H_2SO_4 溶液(用 1mL 1mol·L^{-1} H_2SO_4 溶液加 100mL 水配成)洗涤沉淀 3~4 次,每次约 10mL。然后将沉淀定量转移到滤纸上,用淀帚由上到下擦拭烧杯内壁,并用折叠滤纸时撕下的小片滤纸擦拭杯壁,并将此小片滤纸放于漏斗中,再用稀 H_2SO_4 溶液洗涤4~6次,直至洗涤液中不含 Cl^- 为止(检查方法:用试管收集 2mL 滤液,加 1 滴 HNO_3 溶液酸化,再加入 2 滴 $AgNO_3$ 溶液,若无白色浑浊产生,表示 Cl^- 已洗净)。

3. 空瓷坩埚的恒重

将两只洁净的瓷坩埚放在(800±20)℃马弗炉中灼烧至恒重(第 1 次灼烧 40min,第 2 次后每次只灼烧 20min)。

4. 沉淀的灼烧和恒重

将折叠好的沉淀滤纸包置于已恒重的瓷坩埚中,经烘干、炭化、灰化(注意:滤纸灰化时空气要充足,否则 $BaSO_4$ 易被滤纸的炭还原为灰黑色的 BaS。如遇此情况,可加 2~3 滴 1∶1 H_2SO_4 溶液,小心加热,冒烟后重新灼烧)后,置于(800±20)℃马弗炉中灼烧至恒重。根据 $BaSO_4$ 的质量,计算 $BaCl_2 \cdot 2H_2O$ 中钡的含量。

【思考题】

1.沉淀 $BaSO_4$ 为什么要在稀 HCl 溶液介质中进行?

2.洗涤沉淀时,应遵循什么原则?

3.什么是恒重操作? 恒重操作的基本要求是什么?

六、数据记录与处理

请自行设计表格,推导公式并计算、分析结果。

(黄 凌)

实验 19 邻二氮菲分光光度法测定铁含量的条件

一、实验目的

1.了解分光光度计的结构和正确的使用方法。

2.学习分光光度法实验条件的优化方法。

3.学习吸收曲线的绘制及最大吸收波长的选择。

二、实验原理

分光光度法是基于物质对光的选择性吸收而建立的分析方法。根据朗伯-比尔定律

$$A = \varepsilon bc$$

当一束单色光透过含有吸光物质的溶液后,溶液的吸光度 A 与吸光物质的浓度 c 及吸收层厚度 b 成正比,这是进行定量分析的基础。

邻二氮菲(phen)和 Fe^{2+} 在 pH 为 2~9 的溶液中,生成一种稳定的橙红色配合物 $Fe(phen)_3^{2+}$,其 $\lg K = 21.3$,摩尔吸光系数 $\varepsilon_{508} = 1.1 \times 10^4 \, L \cdot mol^{-1} \cdot cm^{-1}$,$Fe^{2+}$ 含量在 $0.1 \sim 6.0 \, \mu g \cdot mL^{-1}$ 范围内遵守朗伯-比尔定律。其吸收曲线如图 3-3 所示。

显色前需用盐酸羟胺或维生素 C 将 Fe^{3+} 全部还原为 Fe^{2+},然后再加入邻二氮菲。有关反应如下:

$$2Fe^{3+} + 2NH_2OH \cdot HCl = 2Fe^{2+} + N_2 \uparrow + 2H_2O + 4H^+ + 2Cl^-$$

第 3 章 基本操作与验证性实验

61

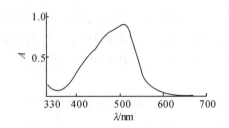

图 3-3　邻二氮菲-铁(Ⅱ)的吸收曲线

Cu^{2+}、Co^{2+}、Ni^{2+}、Cd^{2+}、Hg^{2+}、Mn^{2+}、Zn^{2+}等离子也能与邻二氮菲生成稳定配合物,在含量低时,不影响 Fe^{2+} 的测定,含量大时可用 EDTA 掩蔽或预先分离。

显色反应受到多种因素的影响,如溶液的酸度、显色剂的用量、显色时间、有色溶液的稳定性、温度、溶剂、干扰物质、加入试剂的顺序等,这些条件都可通过实验来确定。严格控制反应条件是提高反应选择性和灵敏性的有效方法。本实验条件的优化方法是,变动某实验条件,固定其余条件,测得一系列吸光度值,绘制吸光度与某实验条件的曲线,根据曲线确定某实验条件的适宜值或适宜范围。

三、预习要求

1.影响显色反应的因素及其实验确定方法。

2.分光光度法中测定条件的选择和优化。

3.可见光分光光度计的使用方法。

四、仪器与试剂

仪器:722(或 721、7200)型分光光度计(配 1cm 比色皿);pH 计(配复合玻璃电极);比色管(50mL)或容量瓶(50mL);吸量管(1mL、10mL)等。

试剂:

铁标准溶液($100\mu g \cdot mL^{-1}$):准确称取 0.8634g $NH_4Fe(SO_4)_2 \cdot 12H_2O$ 于烧杯中,加少量水和 20mL 1:1 HCl 溶液,溶解后,定量转移到 1L 容量瓶中,用水稀释至刻度,摇匀,用时稀释为 $10\mu g \cdot mL^{-1}$。

盐酸羟胺水溶液($100g \cdot L^{-1}$,用时现配);邻二氮菲水溶液($1.5g \cdot L^{-1}$,避光保存,溶液颜色变暗时即不能使用);NaAc 溶液($1mol \cdot L^{-1}$);NaOH 溶液($1mol \cdot L^{-1}$,用时稀释至 $0.10mol \cdot L^{-1}$);HCl 溶液(1:1)。

五、实验内容

1. 吸收曲线的制作和测量波长的选择

准备 2 只 50mL 容量瓶（或比色管），用吸量管吸取 1.00mL 100μg·mL⁻¹ 铁标准溶液于其中一只。2 只容量瓶中各加入 1.00mL 盐酸羟胺溶液，2.00mL 邻二氮菲溶液，5.00mL NaAc 溶液，用水稀释至刻度，摇匀。放置 10min 后，以试剂空白（未加铁标准溶液）为参比溶液，在 440～560nm 之间，每隔 10nm 测 1 次吸光度，在最大吸收峰附近，每隔 5nm 测定 1 次吸光度（注意：每改变一次入射光的波长，均需以参比溶液重新调节透光率至100%）。根据初步实验结果，确定最大吸收波长。

3-13 吸收曲线的制作和测量波长的选择

2. 溶液酸度的选择

取 7 只 50mL 容量瓶（或比色管），分别加入 1.00mL 100μg·mL⁻¹ 铁标准溶液，1.00mL 盐酸羟胺溶液，2.00mL 邻二氮菲溶液，摇匀。然后，用移液管分别加入 0.00、2.00、5.00、10.00、15.00、20.00 和 30.00mL 0.10mol·L⁻¹ NaOH 溶液，用水稀释至刻度，摇匀，放置 10min。以蒸馏水为参比溶液，在确定的波长下测定各溶液的吸光度。同时，用 pH 计测量各溶液的 pH 值。根据初步实验结果，确定溶液的最佳 pH 值。

3. 显色剂用量的选择

取 7 只 50mL 容量瓶（或比色管），各加入 1.00mL 100μg·mL⁻¹ 铁标准溶液，1.00mL 盐酸羟胺溶液，摇匀。再分别加入 0.10、0.30、0.50、0.80、1.00、2.00、4.00mL 邻二氮菲溶液和 5.00mL NaAc 溶液，以水稀释至刻度，摇匀，放置 10min。以蒸馏水为参比溶液，在选择的波长下测定各溶液的吸光度。根据初步结果，确定显色剂的用量。

4. 显色时间

在 1 只 50mL 容量瓶（或比色管）中，加入 1.00mL 100μg·mL⁻¹ 铁标准溶液，1.00mL 盐酸羟胺溶液，摇匀。再加入 2.00mL 邻二氮菲溶液，5.00mL NaAc 溶液，以水稀释至刻度，摇匀，立即以蒸馏水为参比溶液，在选择的波长下测量吸光度。然后依次测量放置 5、10、30、60 和 120min 后溶液的吸光度。根据初步实验结果，确定适宜的显色反应时间。

【思考题】

1. 乙酸钠的作用是什么？

2. 优化实验条件时，试剂的加入顺序能否任意改变？为什么？

3. 为什么在测定前要加入盐酸羟胺？若不加入盐酸羟胺，对测定结果有何影响？

4. 根据本实验结果，计算邻二氮菲-铁（Ⅱ）配合物在 λ_{max} 时的摩尔吸光系数。

六、数据记录与处理

1. 记录不同测定波长所对应的吸光度值，在坐标纸上（或用图形统计与处理软件），以波长 λ 为横坐标，吸光度 A 为纵坐标，绘制 A-λ 吸收曲线。从吸收曲线上选择最大吸收波长 λ_{max} 作为测定 Fe^{2+} 的适宜波长。

2. 记录不同 pH 值所对应的吸光度值，以 pH 值为横坐标，吸光度 A 为纵坐标，绘制

A-pH 值的酸度影响曲线,得出测定 Fe^{2+} 的适宜酸度范围。

3. 记录加入不同体积邻二氮菲溶液后所对应的吸光度值,以所取邻二氮菲溶液体积 V 为横坐标,吸光度 A 为纵坐标,绘制 A-V 曲线,得出测定铁时显色剂的最适宜用量。

4. 记录不同显色时间所对应的吸光度值,以时间 t 为横坐标,吸光度 A 为纵坐标,绘制 A-t 的显色时间影响曲线,得出铁与邻二氮菲显色反应完全所需要的适宜时间。

根据上述实验条件,确定邻二氮菲分光光度法测定铁的最佳条件。

（韩得满）

实验 20　邻二氮菲分光光度法测定铁及其配合物的组成

一、实验目的

1. 掌握分光光度计的结构及其正确使用方法。
2. 掌握用分光光度法测定铁的原理及方法。
3. 学习用分光光度法测定配合物组成的方法。

二、实验原理

在最佳实验条件下,邻二氮菲与 Fe^{2+} 能形成稳定的有色配合物,且 Fe^{2+} 在一定的浓度范围内与溶液的吸光度呈线性关系。因此,通过建立 A-c 线性回归方程,当测定了试液吸光度后,即可计算出试液中微量铁的含量(原理参见实验 19)。

配合物组成的确定是研究配位反应平衡的基本问题之一。金属离子 M 和配位剂 L 形成配合物的反应为

$$M + nL \Longrightarrow ML_n$$

式中:n 为配合物的配位数,可用摩尔比法(也称饱和法)进行测定,即配制一系列溶液,各溶液的金属离子浓度、酸度、温度等条件恒定,只改变配体的浓度,在配合物的最大吸收波长处测定各溶液的吸光度,以吸光度对物质的量浓度之比 c_L/c_M 作图(图 3-4),将曲线的线性部分延长相交于一点,该点对应的 c_L/c_M 值即为配位数 n。

摩尔比法适用于稳定性较高的配合物组成的测定,采用摩尔比法可测定邻二氮菲与铁配合物的摩尔比。

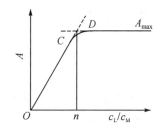

图 3-4　摩尔比法测定配合物组成

三、预习要求

1. 标准曲线法的基本原理。
2. 用摩尔比法测定邻二氮菲与铁形成的配合物组成的实验方法。
3. 分光光度计的基本操作规程。

四、仪器与试剂

试剂:将 $100\mu g \cdot mL^{-1}$ 铁标准溶液稀释为 $10\mu g \cdot mL^{-1}$。其余同实验 19。

材料:含铁试液。

五、实验内容

1. 标准曲线的绘制

在序号为 1～6 的 6 只 50mL 容量瓶(或比色管)中,用吸量管分别加入 0.00、2.00、4.00、6.00、8.00、10.00mL $10\mu g \cdot mL^{-1}$ 铁标准溶液,分别加入 1.00mL $100g \cdot L^{-1}$ 盐酸羟胺溶液,摇匀后放置 2min。再各加入 2.00mL 1.5g·L^{-1} 邻二氮菲溶液,5.00mL $1.00mol \cdot L^{-1}$ NaAc 溶液,以水稀释至刻

3-14 标准曲 度,摇匀。以试剂空白溶液(1 号,未加铁标准溶液)为参比,在波长 510nm 线的绘制 下测定 2～6 号各显色标准溶液的吸光度。

2. 铁试液的测定

准确移取含铁试液 5.00mL,在相同条件下显色后测量吸光度,根据线性方程计算试样中微量铁的质量浓度($\mu g \cdot mL^{-1}$)。

3. 邻二氮菲与铁的摩尔比的测定

取 50mL 容量瓶(或比色管)8 只,吸取 $10\mu g \cdot mL^{-1}$ 铁标准溶液 10.00mL 于各容量瓶中,加 1.00mL $100g \cdot L^{-1}$ 盐酸羟胺溶液,然后依次加 1.5g·L^{-1} 邻二氮菲溶液 0.10、0.30、0.50、0.80、1.00、1.50、2.00、4.00mL,再各加 5.00mL $1mol \cdot L^{-1}$ 乙酸钠溶液。以水稀释至刻度,摇匀。在 510nm 波长下,以蒸馏水为参比,测定各溶液的吸光度。

【思考题】

1. 在什么条件下,才可以使用摩尔比法测定配合物的组成?
2. 在邻二氮菲与铁的摩尔比测定实验中为什么用水为参比,而不用试剂空白溶液为参比?

3.怎样用分光光度法测定水样中的全铁（总铁）和亚铁的含量？试拟出一简单实验步骤。

六、数据记录与处理

1.记录不同浓度的铁标准溶液体系的吸光度,在坐标纸上以铁的质量浓度为横坐标,相应的吸光度为纵坐标,绘制标准曲线,并对实验数据做回归分析(或用图形统计与处理软件)。根据铁试液测定的吸光度值,在标准曲线上得出相应的质量浓度值。

2.记录加不同浓度的邻二氮菲体系的吸光度,以邻二氮菲与铁的摩尔浓度比 c_R/c_{Fe} 为横坐标对吸光度作图,根据曲线上前后两部分延长线的交点位置确定 Fe^{2+} 与邻二氮菲反应的配位数。

（韩得满）

第4章 应用性与综合性实验

实验 21 甲醛法测定硫酸铵中氮含量

一、实验目的

1.进一步掌握容量分析常用仪器的操作方法和酸碱指示剂的选择原理。

2.了解把弱酸强化为可用酸碱滴定法直接滴定的强酸的方法。

3.掌握用甲醛法测铵态氮的原理和方法。

二、实验原理

硫酸铵是常用的氮肥之一,是强酸弱碱盐,可用酸碱滴定法测定其含氮量。但由于 NH_4^+ 的酸性太弱($K_a = 5.6 \times 10^{-10}$),不能直接用 NaOH 标准溶液准确滴定,在生产和实验室中广泛采用甲醛法进行测定。

将甲醛与一定量的铵盐作用,生成相当量的酸(H^+)和质子化的六次甲基四胺($K_a = 7.1 \times 10^{-6}$),反应如下:

$$4NH_4^+ + 6HCHO \Longrightarrow (CH_2)_6N_4H^+ + 3H^+ + 6H_2O$$

生成的 H^+ 和质子化的六次甲基四胺,均可被 NaOH 标准溶液准确滴定(弱酸 NH_4^+ 被强化)。

$$(CH_2)_6N_4H^+ + 3H^+ + 4NaOH \Longrightarrow 4H_2O + (CH_2)_6N_4 + 4Na^+$$

4mol NH_4^+ 相当于 4mol 的 H^+,相当于 4mol 的 OH^-,也相当于 4mol 的 N,所以,N 与 NaOH 的化学计量数比为 1∶1。化学计量点时,溶液呈弱碱性(六次甲基四胺为有机碱),可选用酚酞作指示剂,终点为无色变为微红色(30s 内不褪色)。

$$w(N) = \frac{c(NaOH)V(NaOH)M(N)}{m_s} \cdot 100\%$$

式中:$w(N)$ 为试样中 N 的质量分数;$c(NaOH)$ 为 NaOH 标准溶液的浓度,单位为 $mol \cdot L^{-1}$;$V(NaOH)$ 为滴定所消耗的 NaOH 标准溶液的体积,单位为 L;$M(N)$ 为 N 的摩尔质量,单位为 $g \cdot mol^{-1}$;m_s 为试样质量,单位为 g。

三、预习要求

1.弱酸强化的基本原理,甲醛法测定铵态氮的原理和操作方法。

2.容量瓶、碱式滴定管、移液管的使用方法。

四、仪器与试剂

仪器:容量瓶(250mL);锥形瓶(250mL);移液管(25mL);碱式滴定管(50mL);称量

瓶;干燥器;电子天平;台秤;烘箱等。

试剂:NaOH 标准溶液($0.1\text{mol} \cdot \text{L}^{-1}$);甲基红指示剂($2\text{g} \cdot \text{L}^{-1}$);酚酞指示剂($2\text{g} \cdot \text{L}^{-1}$);甲醛溶液(40%)。

材料:硫酸铵肥料。

五、实验内容

1. 甲醛溶液的处理

取原装甲醛溶液(40%)的上层清液 20mL 于烧杯中,用水稀释一倍,加入 2~3 滴酚酞指示剂,用 $0.1\text{mol} \cdot \text{L}^{-1}$ NaOH 溶液中和至甲醛溶液呈微红色。

2. 硫酸铵肥料中氮含量的测定

准确称取 2~3g $(NH_4)_2SO_4$ 肥料于小烧杯中,用适量蒸馏水溶解,定量转移至 250mL 容量瓶中,用蒸馏水稀释至刻度,摇匀。

用移液管移取试液 25.00mL 于 250mL 锥形瓶中,加 1 滴甲基红指示剂,用 $0.1\text{mol} \cdot \text{L}^{-1}$ NaOH 溶液中和至黄色。加入 10mL 已中和的 1∶1 甲醛溶液,再加入1~2 滴酚酞指示剂,摇匀,静置 1min 后(强化酸),用 $0.1\text{mol} \cdot \text{L}^{-1}$ NaOH 标准溶液滴定至溶液呈微橙色,并持续半分钟不褪色,即为终点(终点为甲基红的黄色和酚酞红色的混合色)。记录滴定所消耗的 NaOH 标准溶液的读数。平行测定 3 次。根据 NaOH 标准溶液的浓度和体积消耗量,计算试样中氮的含量和测定结果的相对平均偏差。

【注意事项】

1. 若甲醛中含有游离酸(是甲醛受空气氧化所致,应除去,否则产生正误差),应事先以酚酞为指示剂,用 NaOH 溶液中和至微红色($pH \approx 8$)。

2. 若试样中含有游离酸(应除去,否则产生正误差),应事先以甲基红为指示剂,用 NaOH 溶液中和至黄色($pH \approx 6$)(能否用酚酞指示剂?)。

【思考题】

1. 中和甲醛中游离酸时,需要记录 $V(\text{NaOH})$ 吗?

2. 测定试样氮含量时加甲基红指示剂,用 NaOH 中和至黄色的目的是什么?需要记录 $V(\text{NaOH})$ 数据吗?

六、实验记录与处理

请自行设计表格并计算、分析结果。

(黄 凌)

实验 22　氟硅酸钾法测定硅酸盐中二氧化硅含量

一、实验目的

1. 了解中和滴定这种分析方法在实际操作中的应用。
2. 学习氟硅酸钾法测定 SiO_2 的基本原理及基本技能。

二、实验原理

硅酸盐试样用 KOH 在镍(银)坩埚中熔融分解后,将难溶性硅酸盐转化为易溶性偏硅酸钾。

$$SiO_2 + 2KOH =\!\!= K_2SiO_3 + H_2O$$

偏硅酸钾再在硝酸介质中与过量的 KF 作用,定量生成氟硅酸钾沉淀。

$$SiO_3^{2-} + 2K^+ + 6F^- + 6H^+ =\!\!= K_2SiF_6 \downarrow + 3H_2O$$

沉淀在热水中水解,生成相应的氢氟酸(HF)。

$$K_2SiF_6 + 3H_2O =\!\!= 2KF + H_2SiO_3 + 4HF$$

用 NaOH 标准溶液滴定水解生成的 HF,根据 NaOH 标准溶液的浓度和消耗量,按下式求出试样中 SiO_2 的含量:

$$w(SiO_2) = \frac{\frac{1}{4}c(NaOH)V(NaOH)M(SiO_2)}{m_s} \cdot 100\%$$

式中:$w(SiO_2)$ 为试样中 SiO_2 的质量分数;$c(NaOH)$ 为 NaOH 标准溶液的浓度,单位为 $mol \cdot L^{-1}$;$V(NaOH)$ 为 NaOH 标准溶液的消耗量,单位为 L;$M(SiO_2)$ 为 SiO_2 的摩尔质量,单位为 $g \cdot mol^{-1}$;m_s 为试样的质量,单位为 g。

三、预习要求

1. 氟硅酸钾法测定 SiO_2 的基本原理。
2. 容量瓶、碱式滴定管、移液管的使用,沉淀的过滤及洗涤等操作要领。

四、仪器与试剂

仪器:分析天平;镍坩埚;塑料烧杯(300mL);快速滤纸;碱式滴定管;塑料漏斗;塑料棒。

试剂:

KF 水溶液(15%):15g 二水氟化钾(KF·2H$_2$O)溶于 100mL 水中,储存在塑料瓶中。

KCl 水溶液(5%):将 5g KCl 溶于 100mL 水中。

KCl 乙醇水溶液(5%):将 5g KCl 溶于 50mL 水中,加入 50mL 95%乙醇溶液混匀。

酚酞指示剂(1%):1g 酚酞溶于 100mL 90%乙醇溶液中。

浓 HNO_3 溶液;KCl(分析纯);NaOH 标准溶液($0.15mol \cdot L^{-1}$);无水乙醇;KOH(固体);无水乙醇。

材料:硅酸盐试样。

五、实验内容

1.称取 2.5g KOH 置于坩埚中,准确称取硅酸盐试样 0.1～0.2g 置于坩埚中的 KOH 之上,滴加 2～3 滴无水乙醇,盖上坩埚盖(稍留缝隙),低温熔融 10min,再把温度升至 600～650℃熔融 3～5min(熔融过程中要经常转动坩埚)。试样熔融好后,取下并旋转坩埚使熔融物附着于坩埚内壁。

2.冷却后,将坩埚中的熔融物用少量水浸取,并小心地定量转入 300mL 干塑料烧杯中,沿杯壁一次加入 17mL 浓 HNO_3 溶液,冷至室温,加入 1～2g KCl,用塑料棒搅拌,再缓缓加入 10mL 15% KF 溶液,搅拌 1min,静置 10min。用塑料漏斗以快速滤纸过滤,用 KCl 乙醇水溶液洗涤烧杯并过滤两三次。

3.将沉淀连同滤纸一起置于原塑料烧杯中,沿杯壁加入 10mL 5% KCl 乙醇水溶液,再加入 2～3 滴 1%酚酞指示剂,用 $0.15mol \cdot L^{-1}$ NaOH 标准溶液中和未洗尽的酸,仔细搅动滤纸(可捣碎滤纸)并随之擦拭杯壁,直至溶液呈微红色,表示残存酸中和完毕。

4.加入 200mL 沸水(此沸水预先用 NaOH 标准溶液中和至酚酞呈微红色),以 $0.15mol \cdot L^{-1}$ NaOH 标准溶液滴定至微红色为止,记下消耗的 NaOH 标准溶液的体积。

【注意事项】

1.沉淀时,应控制温度在 25℃以下,体积控制在 40mL 左右。加 KCl 固体时要搅拌,KCl 的加入量以充分搅拌静置后杯底仍有少许 KCl 晶体为宜,若 KCl 不足,结果将偏低,过量太多可能生成 K_2SiF_6 沉淀,使结果偏高。

2.过滤洗涤操作要迅速,洗涤次数不宜过多,以免引起 K_2SiF_6 溶解而使结果偏低。

3.将 K_2SiF_6 沉淀洗涤后应立即用 $0.15mol \cdot L^{-1}$ NaOH 标准溶液中和未洗涤的游离酸。此项操作对测定结果有很大影响,中和时务必把杯壁及滤纸上的残存酸完全中和,操作时应将滤纸贴在烧杯内壁上,右手轻轻摇动烧杯,待溶液出现红色后再将滤纸浸在溶液中,继续中和至恰为红色。

4.滴定临近终点时溶液呈淡黄色,预示终点即将到达,滴至稳定微红色即为终点,红色不可太深,否则部分硅酸也被滴定,导致结果偏高。

5.K_2SiF_6 水解是吸热反应,故应加沸水,所用沸水先用 NaOH 中和,以消除酸性影响。水解温度以 70～90℃为宜,最后滴定温度不低于 70℃。

【思考题】

1.为什么氟硅酸钾法测定 SiO_2 为间接中和法?

2.沉淀 K_2SiF_6 的条件是什么?

3.为什么要中和残存酸?

六、数据记录与处理

请自行设计表格并计算、分析结果。

(黄 凌)

实验 23　食用白醋中乙酸含量的测定

一、实验目的

1. 掌握强碱滴定弱酸的基本过程、突跃范围及指示剂的选择原理。
2. 进一步熟练掌握碱式滴定管的使用方法与基本操作。

二、实验原理

食用白醋主要成分为乙酸和水,不含或极少含其他成分,可视为乙酸溶液。乙酸为有机酸,$K_a = 1.75 \times 10^{-5}$,酸性较强,因此,可用 NaOH 标准溶液直接滴定,反应如下:

$$HAc + NaOH \Longrightarrow NaAc + H_2O$$

反应产物为弱酸强碱盐,滴定的突跃范围在碱性范围内,可选用酚酞等碱性范围变色的指示剂。

食用白醋中乙酸含量大约为 $30 \sim 50 \mathrm{mg \cdot mL^{-1}}$。

根据 NaOH 标准溶液的消耗量,按下式计算样品中乙酸的含量:

$$\rho(HAc) = \frac{c(NaOH)V(NaOH)M(HAc)}{V_s}$$

式中:$\rho(HAc)$ 为试样中 HAc 的质量浓度,单位为 $\mathrm{g \cdot L^{-1}}$;$c(NaOH)$ 为 NaOH 标准溶液的浓度,单位为 $\mathrm{mol \cdot L^{-1}}$;$V(NaOH)$ 为 NaOH 标准溶液消耗的体积,单位为 mL;$M(HAc)$ 为 HAc 的摩尔质量,单位为 $\mathrm{g \cdot mol^{-1}}$;$V_s$ 为所取试样的体积,单位为 mL。

三、预习要求

1. 碱式滴定管的洗涤、润洗等操作。
2. 储存 NaOH 溶液的注意事项。
3. 吸量管的使用。

四、仪器与试剂

仪器:分析天平;容量瓶(250mL);移液管(25mL、50mL);碱式滴定管(50mL);锥形瓶(250mL);量筒;小烧杯。

试剂:NaOH 标准溶液($0.1\mathrm{mol \cdot L^{-1}}$);酚酞指示剂($2\mathrm{g \cdot L^{-1}}$,乙醇溶液)。

材料:食用白醋(2.5%乙酸溶液)。

五、实验内容

准确移取食用白醋 25.00mL 置于 250mL 容量瓶中,用蒸馏水稀释至刻度,摇匀。用 50mL 移液管分别取 3 份试液,置于 3 只 250mL 锥形瓶中,加入酚酞指示剂 2～3 滴,用 NaOH 标准溶液滴定至溶液呈微红色且在半分钟内不褪色即为终点。平行测定 3 次,根据耗用的 NaOH 标准溶液的体积及其浓度,计算食用白醋中乙酸的质量浓度($\mathrm{g \cdot L^{-1}}$)。

【思考题】

1. 为什么说上述测定是"总酸度"测定？

2. 测定食用白醋中总酸度为什么要用酚酞指示剂？能否用甲基橙指示剂？为什么？

3. 酚酞指示剂由无色变为微红时，溶液的 pH 为多少？变红的溶液在空气中放置后又会变为无色的原因是什么？

六、数据记录与处理

请自行设计表格并计算、分析结果。

（黄 凌）

实验 24　胃舒平片剂中 Al_2O_3 和 MgO 含量的测定

一、实验目的

1. 学习药剂试样的前处理方法。

2. 掌握配位滴定中返滴定法的基本原理。

3. 进一步掌握混合离子分别测定的原理和方法。

4. 掌握沉淀分离的操作方法。

二、实验原理

胃舒平是一种中和胃酸的胃药，其主要成分为氢氧化铝、三硅酸镁及少量中药颠茄液浸膏。在加工过程中，为了使药片成形，还加入了一定量的糊精。其中的 Al 和 Mg 含量可用配位滴定法进行测定。

测定 Al 和 Mg 的原理是先将试样用酸溶解，分离弃去水不溶物质，然后取 1 份试液，调节 pH 至 $3\sim4$，定量加入过量的 EDTA 溶液，加热煮沸数分钟，使 Al^{3+} 与 EDTA 完全反应。

$$Al^{3+} + H_2Y^{2-} \Longrightarrow AlY^- + 2H^+$$

冷却后再调节 pH 至 $5\sim6$，以二甲酚橙为指示剂，用 Zn^{2+} 标准溶液返滴定过量的 EDTA，根据 EDTA 加入量与消耗的 Zn^{2+} 标准溶液的体积，按下式计算药片中的 Al_2O_3 含量：

$$w(\text{Al}_2\text{O}_3) = \frac{[c(\text{EDTA})V(\text{EDTA}) - c(\text{Zn}^{2+})V(\text{Zn}^{2+})]M(\text{Al}_2\text{O}_3) \cdot \dfrac{250.0}{10.00}}{2m_s} \cdot 100\%$$

式中:$w(\text{Al}_2\text{O}_3)$ 为 Al_2O_3 的质量分数;$c(\text{EDTA})$ 为 EDTA 标准溶液的浓度,单位为 $\text{mol} \cdot \text{L}^{-1}$;$V(\text{EDTA})$ 为加入的 EDTA 标准溶液的总体积,单位为 L;$c(\text{Zn}^{2+})$ 为 Zn^{2+} 标准溶液的浓度,单位为 $\text{mol} \cdot \text{L}^{-1}$;$V(\text{Zn}^{2+})$ 为返滴定过量部分 EDTA 标准溶液所消耗的 Zn^{2+} 标准溶液的体积,单位为 L;$M(\text{Al}_2\text{O}_3)$ 为 Al_2O_3 的摩尔质量,单位为 $\text{g} \cdot \text{mol}^{-1}$;$m_s$ 为试样的质量,单位为 g。

另取 1 份试液,调节 pH 至 8~9,使 Al^{3+} 生成 Al(OH)_3 沉淀而分离,调节 pH=10,以铬黑 T 作指示剂,用 EDTA 标准溶液滴定滤液中的 Mg^{2+} 含量。

$$\text{Mg}^{2+} + \text{H}_2\text{Y}^{2-} = \text{MgY}^{2-} + 2\text{H}^+$$

根据 EDTA 标准溶液的消耗量,按下式计算药片中的 Mg 含量(以 MgO 表示)。

$$w(\text{MgO}) = \frac{c(\text{EDTA})V(\text{EDTA})M(\text{MgO}) \cdot \dfrac{250.0}{25.00}}{m_s} \cdot 100\%$$

式中:$w(\text{MgO})$ 为 MgO 的质量分数;$c(\text{EDTA})$ 为 EDTA 标准溶液的浓度,单位为 $\text{mol} \cdot \text{L}^{-1}$;$V(\text{EDTA})$ 为滴定 Mg^{2+} 所消耗的 EDTA 标准溶液的体积,单位为 L;$M(\text{MgO})$ 为 MgO 的摩尔质量,单位为 $\text{g} \cdot \text{mol}^{-1}$;$m_s$ 为试样的质量,单位为 g。

三、预习要求

1. 成形药剂的试样前处理方法。
2. 返滴定法的基本原理。
3. 混合离子分别测定的原理和方法。
4. 沉淀分离的正确操作方法。

四、仪器与试剂

仪器:滴定管(50mL);移液管(10mL,25mL);容量瓶(250mL);锥形瓶(250mL);量筒(10mL,50mL);烧杯(100mL);称量瓶;分析天平;电炉。

试剂:EDTA 标准溶液($0.02\text{mol} \cdot \text{L}^{-1}$);$\text{Zn}^{2+}$ 标准溶液($0.02\text{mol} \cdot \text{L}^{-1}$);六次甲基四胺溶液(20%);HCl 溶液(1:1);氨水(1:1);三乙醇胺溶液(1:2);$\text{NH}_3 \cdot \text{H}_2\text{O}$-$\text{NH}_4\text{Cl}$ 缓冲溶液(pH=10);甲基红指示剂(0.2%,乙醇溶液);二甲酚橙指示剂(0.2%);铬黑 T 指示剂;NH_4Cl(固体)。

材料:胃舒平药片。

五、实验内容

1. 试样的处理

取胃舒平药片 10 片,研细,准确称取 0.8g 于 100mL 烧杯中,加入 8mL 1:1 HCl 溶液,加蒸馏水至 50mL,煮沸,冷却后过滤,并以水洗涤沉淀,收集滤液及洗涤液于 250mL 容量瓶中,稀释至刻度,摇匀备用。

2.铝的测定

准确吸取上述溶液 10.00mL 于 250mL 锥形瓶中,加 20mL 水,准确加入 EDTA 标准溶液 25.00mL。加入 2 滴二甲酚橙指示剂,溶液呈黄色,滴加 1∶1 氨水使溶液恰好变为红色,然后再加 1∶1 HCl 溶液,使溶液恰呈黄色,在电炉上加热煮沸 3min,冷却至室温。加入 10mL 六次甲基四胺溶液,此时溶液应呈黄色,如不呈黄色,可用 1∶1 HCl 溶液调节至黄色。补加 2 滴二甲酚橙指示剂,以 Zn^{2+} 标准溶液滴定至溶液由黄色变为紫红色即为终点。平行测定 3 次,根据 EDTA 标准溶液加入量与消耗的 Zn^{2+} 标准溶液体积,计算药片中 Al_2O_3 的质量分数。

3.镁的测定

吸取试液 25.00mL 于 100mL 烧杯中,加甲基红指示剂 1 滴,滴加 1∶1 氨水至溶液刚出现浑浊,再加 1∶1 HCl 溶液至沉淀恰好溶解,加入固体 NH_4Cl 0.8g,滴加 20% 六次甲基四胺溶液至沉淀出现并过量 5mL,煮沸 5min,趁热过滤,以 10mL NH_4Cl 溶液洗涤,收集滤液及洗涤液于 250mL 锥形瓶中。分别加入三乙醇胺溶液 8mL,$NH_3 \cdot H_2O$-NH_4Cl 缓冲溶液(pH＝10)10mL,甲基红指示剂 1 滴,铬黑 T 指示剂少许,用 EDTA 标准溶液滴定至溶液由暗红色变为蓝绿色即为终点。平行测定 3 次,计算药片中 MgO 的质量分数。

【注意事项】

1.胃舒平片剂试样中镁、铝含量不均匀,为测定准确,应取具有代表性的试样,研细后进行分析。

2.用六次甲基四胺溶液调节 pH 比用氨水好,可以减少 $Al(OH)_3$ 对 Mg^{2+} 的吸附。

3.测定镁时加入甲基红有利于终点的判断。

【思考题】

1.测定 Al^{3+} 含量时,为什么要将试液与 EDTA 标准溶液混合后加热煮沸?

2.测定 Mg^{2+} 时,加入三乙醇胺的作用是什么?

六、数据记录与处理

将读数与计算结果填入表格中。

1.铝的测定

	1	2	3
m_s/g			
V(试液)/mL			
c(EDTA)/(mol·L^{-1})			
V(EDTA)/mL			
V(Zn^{2+})/mL			
w(Al_2O_3)/%			
$\overline{w}$(Al_2O_3)/%			
相对平均偏差/%			

2.镁的测定

	1	2	3
m_s/g			
V(试液)/mL			
c(EDTA)/(mol · L^{-1})			
V(EDTA)/mL			
w(MgO)/%			
$\overline{w}$(MgO)/%			
相对平均偏差/%			

（李　芳）

实验 25　维生素 C 片剂中维生素 C 含量的测定

一、实验目的

1.掌握直接碘量法测定维生素 C 含量的原理及其操作。

2.掌握滴定分析的基本操作。

二、实验原理

维生素 C[又称抗坏血酸,$M(C_6H_8O_6)=176.12\text{g} \cdot \text{mol}^{-1}$],其结构如下:

$$\underset{O}{\overset{O}{\underset{\|}{C}}}-\underset{OH}{\overset{}{C}}=\underset{OH}{\overset{}{C}}-\underset{H}{\overset{}{C}}-\underset{OH}{\overset{H}{\overset{}{C}}}-\underset{H}{\overset{OH}{\overset{}{CH}}}$$

分子中的烯二醇具有还原性,能被 I_2 氧化成二酮基,因此,可用 I_2 标准溶液直接滴定,反应在稀的乙酸溶液介质中进行。

$$\cdots + I_2 \longrightarrow \cdots + 2HI$$

上述反应速度快,进行得很完全。但由于维生素 C 的还原性相当强,极易被空气氧化(特别是在碱性溶液中),因此测定时需加入稀 HAc 溶液使溶液呈弱酸性,以减少副反应的发生,保证实验结果的准确度。

根据 I_2 标准溶液的消耗量,按下式计算药片中维生素 C 的含量:

$$w(C_6H_8O_6) = \frac{c(I_2)V(I_2)M(C_6H_8O_6)}{m_s} \cdot 100\%$$

式中:$w(C_6H_8O_6)$ 为试样中 $C_6H_8O_6$ 的质量分数;$c(I_2)$ 为 I_2 标准溶液的浓度,单位为 $mol \cdot L^{-1}$;$V(I_2)$ 为滴定消耗的 I_2 标准溶液的体积,单位为 L;$M(C_6H_8O_6)$ 为维生素 C 的摩尔质量,单位为 $g \cdot mol^{-1}$;m_s 为所取试样的质量,单位为 g。

三、预习要求

1. 酸式滴定管的规格及洗涤、润洗等操作步骤。
2. I_2 标准溶液的配制和储存注意事项。
3. 分析天平的使用。

四、仪器与试剂

仪器:分析天平;酸式滴定管(棕色,50mL);锥形瓶(250mL);量筒等。

试剂:

碘标准溶液($0.05mol \cdot L^{-1}$);淀粉指示剂。

HAc 溶液($1mol \cdot L^{-1}$);冰醋酸 60mL,加水稀释至 1L。

材料:维生素 C 片。

五、实验内容

取 10 片维生素 C 片称重,小心研成粉末,精密称出适量粉末(约含维生素 C 0.2g)3 份,加新煮沸过的冷蒸馏水 100mL 与稀 HAc 溶液 10mL 溶解,再加入淀粉指示剂 2mL,立即用 $0.05mol \cdot L^{-1}$ I_2 标准溶液滴定至溶液显蓝色,并持续 30s 不褪色即为终点。平行测定 3 次,根据消耗的 I_2 标准溶液的体积、浓度,计算维生素 C 片剂中维生素 C 的质量分数。

【思考题】

1. 为什么溶解维生素 C 试样时要用新煮沸过的冷蒸馏水?
2. 维生素 C 本身是一种酸,为什么测定时还要加酸?
3. 为什么可以用直接碘量法测定维生素 C?

六、数据记录与处理

将读数与计算结果填入表格中。

	1	2	3
m_s/g			
$V(I_2)$/mL			
w(维生素 C)/%			
$\overline{w}$(维生素 C)/%			
相对平均偏差/%			

（黄　凌）

实验 26　水样中化学需氧量(COD)的测定

一、实验目的

1. 了解水样的采集和保存方法。
2. 掌握化学需氧量的基本概念和表示方法。
3. 掌握 $KMnO_4$ 返滴定法测定水中 COD 的分析方法。

二、实验原理

化学需氧量(COD)是指用适量的氧化剂处理水样时水样中耗氧污染物所消耗的氧化剂的量,通常以相应的氧量(单位为 $mg \cdot L^{-1}$)来表示。COD 是表示水体或污水的污染程度的重要综合指标之一,是环境保护和水质控制中经常需要测定的项目。COD 值越高,说明水体污染越严重。

COD 的测定分酸性 $KMnO_4$ 法、碱性 $KMnO_4$ 法和重铬酸钾法,本实验采用酸性 $KMnO_4$ 法。在酸性条件下,向被测水样中定量加入 $KMnO_4$ 溶液,加热水样,使 $KMnO_4$ 与水样中有机污染物充分反应,过量的 $KMnO_4$ 则加入一定量的 $Na_2C_2O_4$ 还原,最后用 $KMnO_4$ 溶液返滴定过量的草酸钠,由此计算出水样的耗氧量。

在酸性条件下,$KMnO_4$ 具有很强的氧化性:

$$MnO_4^- + 8H^+ + 5e^- \rightleftharpoons Mn^{2+} + 4H_2O \qquad\qquad E^{\ominus} = 1.51V$$

水溶液中的大多数有机污染物都可以被氧化,但反应过程相当复杂,主要发生以下反应:

$$4KMnO_4 + 6H_2SO_4 + 5C = 2K_2SO_4 + 4MnSO_4 + 6H_2O + 5CO_2 \uparrow$$

$KMnO_4$ 与 $Na_2C_2O_4$ 反应如下：

$$2MnO_4^- + 5C_2O_4^{2-} + 16H^+ \xrightarrow{\quad\quad} 10CO_2 \uparrow + 8H_2O + 2Mn^{2+}$$

氧化温度与时间会影响结果,本实验用 30 分钟煮沸法。若水样中含有 F、H_2S(或 S)、SO_3^{2-}、NO_2^- 等还原性离子,也会干扰测定,可在冷的水样中直接用 $KMnO_4$ 滴定至微红色后进行 COD 测定。

化学需氧量 $COD(mg \cdot L^{-1})$ 的计算公式如下:

$$COD(mg \cdot L^{-1}) = \frac{[(V_1 + V_2 - V_4)f - 10.00] \cdot c(Na_2C_2O_4) \cdot 16.00 \cdot 1000}{V_s}$$

式中:$f = 10.00/(V_3 - V_4)$,即 1mL $KMnO_4$ 溶液相当于 fmL $Na_2C_2O_4$ 标准溶液;V_s 为水样体积,单位为 mL;16.00 为氧的相对原子质量;V_1、V_2、V_3、V_4 的含义见实验内容部分。

三、预习要求

1. $KMnO_4$ 和 $Na_2C_2O_4$ 的性质。

2. 酸性 $KMnO_4$ 法测定 COD 的原理及方法要点。

四、仪器与试剂

仪器:移液管(10mL、25mL);酸式滴定管(50mL);锥形瓶(250mL);水浴锅等。

试剂:

$Na_2C_2O_4$ 标准溶液(0.013mol·L^{-1}):准确称取基准物质 $Na_2C_2O_4$ 0.42g 左右溶于少量蒸馏水中,定量转移至 250mL 容量瓶中,稀释至刻度,摇匀,计算其准确浓度。

H_2SO_4 溶液(1:2);$KMnO_4$ 溶液(0.005mol·L^{-1});$AgNO_3$ 溶液(10%)。

材料:水样。

五、实验内容

1. 取水样 25.00mL 于 250mL 锥形瓶中,加蒸馏水 100mL,加 1:2 H_2SO_4 溶液 10mL,再加入 10% $AgNO_3$ 溶液 5mL 以除去水样中的 Cl^-(当水样中 Cl^- 浓度很小时,可以不加 $AgNO_3$),摇匀后准确加入 0.005mol·L^{-1} $KMnO_4$ 溶液 10.00mL(V_1),将锥形瓶置于沸水浴中加热 30min,氧化耗氧污染物。稍冷后(约 80℃),加 0.013mol·L^{-1} $Na_2C_2O_4$ 标准溶液 10.00mL,摇匀(此时溶液应为无色,若仍为红色,再补加 5.00mL),在 70~80℃ 的水浴中用 0.005mol·L^{-1} $KMnO_4$ 溶液滴定至呈微红色,30s 内不褪色即为终点,记下 $KMnO_4$ 溶液的用量(V_2)。

2. 在 250mL 锥形瓶中加入 100mL 蒸馏水和 10mL 1:2 H_2SO_4 溶液,移入 0.013mol·L^{-1} $Na_2C_2O_4$ 标准溶液 10.00mL,摇匀,在 70~80℃ 的水浴中,用 0.005mol·L^{-1} $KMnO_4$ 溶液滴定至溶液呈微红色,30s 内不褪色即为终点,记下 $KMnO_4$ 溶液的用量(V_3)。

3. 在 250mL 锥形瓶中加入蒸馏水 100mL 和 10mL 1:2 H_2SO_4 溶液,在 70~80℃ 下,用 0.005mol·L^{-1} $KMnO_4$ 溶液滴定至溶液呈微红色,30s 内不褪色即为终点,记下 $KMnO_4$ 溶液的用量(V_4)。

【注意事项】

1. 水样量根据在沸水浴中加热反应 30min 后应剩下加入量一半以上的 $0.005mol \cdot L^{-1}$ $KMnO_4$ 溶液量来确定。

2. 废水中有机物种类繁多,但对于主要含烃类、脂肪、蛋白质以及挥发性物质(如乙醇、丙酮等)的生活污水和工业废水,其中 90% 以上的有机物可以被氧化,像吡啶、甘氨酸等有些有机物则难以被氧化。因此,在实际测定中,氧化剂种类、浓度和氧化条件等对测定结果均有影响,必须严格按规定操作步骤进行分析,并在报告结果时注明所用的方法。

3. 本实验中,在加热氧化有机污染物时,仪器完全敞开。如果废水中易挥发性化合物含量较高,应使用回流冷凝装置加热,否则结果将偏低。

4. 水样中 Cl^- 在酸性 $KMnO_4$ 溶液中能被氧化,使结果偏高。

$$2MnO_4^- + 16H^+ + 10Cl^- \Longrightarrow 2Mn^{2+} + 8H_2O + 5Cl_2 \uparrow$$

为避免这一干扰,水样应先加蒸馏水稀释后再测定,或改用碱性 $KMnO_4$ 法测定。

$$4MnO_4^- + 3C + 2H_2O \Longrightarrow 4MnO_2 + 3CO_2 \uparrow + 4OH^-$$

然后再将溶液调成酸性,加入 $Na_2C_2O_4$,把 MnO_2 和过量的 $KMnO_4$ 还原,再利用 $KMnO_4$ 滴定至水样呈微红色即为终点。由上述反应可知,在碱性溶液中进行氧化,虽然生成 MnO_2,但最后仍被还原成 Mn^{2+},所以,酸性 $KMnO_4$ 法和碱性 $KMnO_4$ 法所得的结果是相同的。

5. 实验所用的蒸馏水最好用含酸性 $KMnO_4$ 的一次蒸馏水再重新蒸馏所得的二次蒸馏水。

6. 超过 85℃ 时,$Na_2C_2O_4$ 会分解,使测量的结果偏高。

【思考题】

1. 水样中加入 $KMnO_4$ 溶液煮沸时,如果褪到无色,说明什么?应如何进行处理?

2. 按照本实验步骤,在计算、分析结果时,是否要已知 $KMnO_4$ 溶液的准确浓度?为什么?

3. 哪些因素会影响 COD 的测定结果?为什么?

六、数据记录与处理

请自行设计表格并计算、分析结果。

（裘　端）

实验 27　碘量法测定葡萄糖注射液中葡萄糖含量

一、实验目的

1. 熟练掌握 I_2 标准溶液和 $Na_2S_2O_3$ 标准溶液的配制与标定方法。
2. 掌握碘量法测定葡萄糖含量的原理和方法。

二、实验原理

碘(I_2)与 NaOH 作用可生成次碘酸钠(NaIO),葡萄糖($C_6H_{12}O_6$)能定量地被次碘酸钠(NaIO)氧化成葡萄糖酸($C_6H_{12}O_7$)。在酸性条件下,未与葡萄糖作用的次碘酸钠可转变成碘析出,因此只要用 $Na_2S_2O_3$ 标准溶液滴定析出的 I_2,便可计算出 $C_6H_{12}O_6$ 的含量。其反应如下:

I_2 与 NaOH 作用为

$$I_2 + 2NaOH =\!=\!= NaIO + NaI + H_2O$$

$C_6H_{12}O_6$ 和 NaIO 定量作用为

$$C_6H_{12}O_6 + NaIO =\!=\!= C_6H_{12}O_7 + NaI$$

总反应为

$$I_2 + C_6H_{12}O_6 + 2NaOH =\!=\!= C_6H_{12}O_7 + 2NaI + H_2O$$

未反应的 NaIO 在碱性条件下发生歧化反应。

$$3NaIO =\!=\!= NaIO_3 + 2NaI$$

在酸性条件下为

$$NaIO_3 + 5NaI + 6HCl =\!=\!= 3I_2 + 6NaCl + 3H_2O$$

析出的 I_2 可用 $Na_2S_2O_3$ 标准溶液滴定。

$$I_2 + 2Na_2S_2O_3 =\!=\!= Na_2S_4O_6 + 2NaI$$

由以上反应可以看出 1mol 葡萄糖与 1mol NaIO 作用,而 1mol I_2 产生 1mol NaIO,也就是 1mol 葡萄糖与 1mol I_2 相当。本法可用于葡萄糖注射液中葡萄糖含量的测定。计算公式如下:

$$w(C_6H_{12}O_6) = \frac{M(C_6H_{12}O_6)c(Na_2S_2O_3)(V_1 - V_2) \cdot 10^{-3}}{2 \cdot 25.00} \cdot 100\%$$

式中:$w(C_6H_{12}O_6)$ 为试样中葡萄糖的质量分数;$M(C_6H_{12}O_6)$ 为葡萄糖分子的摩尔质量,单位为 $g \cdot mol^{-1}$;$c(Na_2S_2O_3)$ 为 $Na_2S_2O_3$ 标准溶液的浓度,单位为 $mol \cdot L^{-1}$;V_1 为 I_2 溶液标定过程中 $Na_2S_2O_3$ 标准溶液消耗的体积,单位为 mL;V_2 为葡萄糖含量测定过程中 $Na_2S_2O_3$ 标准溶液消耗的体积,单位为 mL。

三、预习要求

1. 碘量法测定葡萄糖的原理和方法。
2. 碘、次碘酸盐、碘酸盐的性质。

四、仪器与试剂

仪器:锥形瓶(250mL);碘量瓶(250mL);酸式滴定管(50mL);烧杯等。

试剂:

I_2 溶液($0.05mol \cdot L^{-1}$):称取 3.2g I_2 于小烧杯中,加 6g KI,先用约 30mL 水溶解,待 I_2 完全溶解后,稀释至 250mL,摇匀,贮于棕色瓶中,放置于暗处。

HCl 溶液($2mol \cdot L^{-1}$);NaOH 溶液($0.2mol \cdot L^{-1}$);$Na_2S_2O_3$ 标准溶液($0.1mol \cdot L^{-1}$);淀粉溶液(0.5%);KI(固体)。

材料:5%葡萄糖注射液。

五、实验内容

1. I_2 溶液浓度的标定

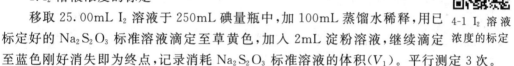

移取 25.00mL I_2 溶液于 250mL 碘量瓶中,加 100mL 蒸馏水稀释,用已 4-1 I_2 溶液标定好的 $Na_2S_2O_3$ 标准溶液滴定至草黄色,加入 2mL 淀粉溶液,继续滴定 浓度的标定 至蓝色刚好消失即为终点,记录消耗 $Na_2S_2O_3$ 标准溶液的体积(V_1)。平行测定 3 次。

2. 葡萄糖含量的测定

移取 5%葡萄糖注射液准确稀释 100 倍,摇匀后移取 25.00mL 于碘量瓶中,准确加入 I_2 标准溶液 25.00mL,慢慢滴加 $0.2mol \cdot L^{-1}$ NaOH 溶液,边加边摇,直至溶液呈淡黄色(**注意**:加碱的速度不能过快,否则生成的 NaIO 来不及氧化 $C_6H_{12}O_6$,使测定结果偏低)。盖好碘量瓶塞,在暗处放置 10~15min,加 $2mol \cdot L^{-1}$ HCl 溶液 6mL 使之成酸性,立即用 $Na_2S_2O_3$ 标准溶液滴定,至溶液呈浅黄色时,加入淀粉指示剂 3mL,继续滴至蓝色消失即为终点,记录消耗 $Na_2S_2O_3$ 标准溶液的体积(V_2)。平行测定 3 次。

【思考题】

1. 配制 I_2 溶液时加入过量 KI 的作用是什么?将称得的 I_2 和 KI 一起加水到一定体积是否可以?

2. I_2 溶液应装入酸式还是碱式滴定管中?为什么?装入滴定管后弯月面看不清,应如何读数?

3. 若加入 NaOH 溶液速度过快,会产生什么后果?

4. I_2 溶液浓度的标定和葡萄糖含量的测定中均用到淀粉指示剂,各步骤中淀粉指示剂加入的时机有什么不同?

六、数据记录与处理

请自行设计表格并计算、分析结果。

(裘 端)

实验 28　沉淀重量法测定盐酸黄连素含量

一、实验目的

1. 掌握沉淀重量法的基本操作。
2. 了解晶形沉淀的条件。

二、实验原理

盐酸黄连素为季铵型小檗碱盐酸盐$[M(C_{20}H_{18}O_4N \cdot Cl \cdot 2H_2O) = 407.85g \cdot mol^{-1}]$，它在冷水中微溶，在热水中易溶。在酸性条件下，以三硝基苯酚为沉淀剂，可形成苦味酸小檗碱沉淀$[M(C_{20}H_{17}O_4N \cdot C_6H_3O_7N_3) = 564.56g \cdot mol^{-1}]$：

$$C_{20}H_{18}O_4N \cdot Cl + C_6H_3O_7N_3 \longrightarrow C_{20}H_{17}O_4N \cdot C_6H_3O_7N_3 \downarrow + HCl$$

经过滤、洗涤、干燥后称其质量，即可计算$C_{20}H_{18}O_4N \cdot Cl$的含量，计算公式如下：

$$w(C_{20}H_{18}O_4N \cdot Cl) = \frac{m \cdot 0.6587}{m_s} \cdot 100\%$$

式中：$w(C_{20}H_{18}O_4N \cdot Cl)$为样品中$C_{20}H_{18}O_4N \cdot Cl$的质量分数；$m$为沉淀称量形式的质量，单位为$g$；$m_s$为试样的质量，单位为$g$；0.6587为$C_{20}H_{18}O_4N \cdot Cl$的换算因数。

三、预习要求

1. 沉淀重量法的基本操作(过滤、洗涤、干燥等)要点。
2. 晶体沉淀条件。
3. 有关重量分析法的计算。

四、仪器与试剂

仪器：恒温干燥箱；干燥器；分析天平；称量瓶；垂熔玻璃漏斗等。

试剂：

HCl溶液($0.1mol \cdot L^{-1}$)：取浓盐酸约9mL，加水至100mL，摇匀，以无水Na_2CO_3标定其浓度。

三硝基苯酚黄连素饱和水溶液：制备纯净的三硝基苯酚黄连素沉淀，用蒸馏水制备其饱和液。

三硝基苯酚饱和水溶液。

材料：盐酸黄连素药片。

五、实验内容

取盐酸黄连素药片约0.2g，研细，准确称量，置于250mL烧杯中，加热的蒸馏水100mL使之溶解，加$0.1mol \cdot L^{-1}$HCl溶液10mL，立即缓缓加入三硝基苯酚饱和水溶液30mL，置水浴上加热15min，静置2h以上。再用已于100℃干燥至恒重的4号垂熔玻璃漏斗过滤,沉淀用三硝基苯酚黄连素饱和水溶液洗涤,再用水洗涤 3 次,每次 15mL。最后于 100℃ 干燥至恒重,准确称量,计算药片中 $C_{20}H_{17}O_4N \cdot Cl$ 的含量。

【注意事项】

1.沉淀时注意搅拌。

2.过滤前注意检查沉淀是否完全。

【思考题】

1.试样的称样量怎么确定?是否需正好 0.2g?

2.加入 $0.1mol \cdot L^{-1}$ HCl 溶液的作用是什么?

3.为什么要在热溶液中缓缓加入沉淀剂?如何检查沉淀是否完全?

4.为什么要置水浴上加热,并静置 2h 以上?

5.哪种洗涤方法的洗涤效果较好?

6.干燥后为何在干燥器中冷至室温?冷却时间过长或过短有何影响?

六、数据记录与处理

请自行设计表格并计算、分析结果。

(贾文平)

实验 29　高锰酸钾法测定补钙剂中钙含量

一、实验目的

1.掌握 $KMnO_4$ 滴定法间接测定钙含量的原理。

2.了解沉淀分离消除杂质干扰的方法。

3.掌握沉淀分离的操作技术。

二、实验原理

Ca^{2+} 与 $C_2O_4^{2-}$ 能形成难溶的草酸钙沉淀,因此,用 $C_2O_4^{2-}$ 将 Ca^{2+} 以 CaC_2O_4 形式沉淀,过滤、洗涤后用 H_2SO_4 溶解,生成的 $H_2C_2O_4$ 用 $KMnO_4$ 标准溶液滴定,可测定钙含量,反应如下:

$$Ca^{2+} + C_2O_4^{2-} = CaC_2O_4 \downarrow$$

$$CaC_2O_4 + H_2SO_4 = CaSO_4 + H_2C_2O_4$$

$$5H_2C_2O_4 + 2MnO_4^- + 6H^+ \Longrightarrow 2Mn^{2+} + 10CO_2\uparrow + 8H_2O$$

本方法可测定某些补钙剂(如葡萄糖酸钙、钙立得等)中钙的含量。

根据滴定所消耗的 KMnO₄ 标准溶液的体积,由下式计算试样中钙的含量:

$$w(\text{Ca}) = \frac{\frac{5}{2}c(\text{KMnO}_4)V(\text{KMnO}_4)M(\text{Ca})}{m_s} \cdot 100\%$$

式中:$w(\text{Ca})$为试样中钙的质量分数;$c(\text{KMnO}_4)$为高锰酸钾标准溶液的浓度,单位为 $\text{mol} \cdot \text{L}^{-1}$;$V(\text{KMnO}_4)$为高锰酸钾标准溶液的体积,单位为 L;$M(\text{Ca})$为 Ca 的摩尔质量,单位为 $\text{g} \cdot \text{mol}^{-1}$;$m_s$ 为试样的质量,单位为 g。

三、预习要求

1. 氧化还原滴定法间接测定钙含量的原理。
2. 沉淀的分离、洗涤、陈化等操作技术。
3. 钙制剂的种类、成分及含量。

四、仪器与试剂

仪器:酸式滴定管(50mL);烧杯;漏斗;量筒;干燥器;分析天平;水浴锅等。

试剂:KMnO₄ 溶液(0.02mol·L⁻¹);(NH₄)₂C₂O₄ 溶液(5g·L⁻¹);NH₃·H₂O 溶液(10%);HCl 溶液(1:1);H₂SO₄ 溶液(1mol·L⁻¹);甲基橙指示剂(2g·L⁻¹);AgNO₃ 溶液(0.1mol·L⁻¹)。

材料:补钙剂。

五、实验内容

1. 取样和沉淀

准确称取补钙剂 3 份(每份含钙约 0.05g),分别置于 250mL 烧杯中,加入适量蒸馏水及 HCl 溶液,加热促使其溶解。向溶液中加入 2～3 滴甲基橙指示剂,以 NH₃·H₂O 溶液中和溶液,溶液由红色转变为黄色,趁热逐滴加入约 50mL (NH₄)₂C₂O₄ 溶液,在水浴上陈化 30min,使之形成 CaC₂O₄ 粗晶形沉淀。

2. 过滤和洗涤

冷却后用倾泻法过滤、洗涤沉淀,先将上层清液倾入漏斗中,让沉淀尽可能留在烧杯内,以免沉淀堵塞滤纸小孔,影响过滤速度。将烧杯中的沉淀洗涤数次后转入漏斗中,继续洗涤沉淀至无 Cl⁻(在 HNO₃ 介质中以 AgNO₃ 检查)为止。

3. 沉淀的溶解和钙的测定

从漏斗上取下带有沉淀的滤纸,将其铺在原盛有沉淀的烧杯内壁上,加入 50mL 1mol·L⁻¹ H₂SO₄ 溶液,把沉淀从滤纸上洗入烧杯中,再洗 2 次,加入蒸馏水使总体积约为 100mL,加热至 70～80℃,用 KMnO₄ 标准溶液滴定至溶液呈微红色,用玻璃棒将烧杯壁上滤纸放入烧杯中,若溶液褪色,则继续滴定,直至出现的微红色 30s 内不褪色即为终点。记录消耗 KMnO₄ 标准溶液的体积,计算钙的含量。

【注意事项】

1.注意滴定速度,防止滴定过量。

2.转移、洗涤 CaC_2O_4 时,必须把滤纸上的沉淀洗涤干净,且滤纸一定要放入烧杯中一起滴定。

【思考题】

1.为了获得纯 CaC_2O_4 沉淀,为什么必须严格控制酸度(pH=4.5~5.5)?

2.为什么要在热的溶液中逐滴加入 $(NH_4)_2C_2O_4$ 溶液?

3.洗涤 CaC_2O_4 沉淀时为什么要洗至无 Cl^-?如果洗涤不干净,对测定结果有何影响?

4.$KMnO_4$ 法测钙含量与配位滴定法测钙含量各有何优缺点?

5.溶解试样时用 HCl,而滴定时用 H_2SO_4 溶解并控制酸度,这是为什么?

6.为什么滴定至接近终点时才将滤纸从烧杯壁上放入烧杯中进行滴定?

六、数据记录与处理

将读数与结果填入表格中,并与补钙剂中所标示的含量进行对比分析。

	1	2	3
m_s/g			
$c(KMnO_4)/(mol \cdot L^{-1})$			
$V(KMnO_4)/mL$			
$w(Ca)/\%$			
$\overline{w}(Ca)/\%$			
$w(Ca)$标示量$/\%$			
相对平均偏差$/\%$			

（贾文平）

实验 30　萃取光度法测定合金钢中钒含量

一、实验目的

1.了解有机溶剂萃取金属离子配合物的基本方法。

2.掌握标准曲线定量分析法。

3.学习钽试剂-三氯甲烷萃取光度法测定钒含量的方法。

二、实验原理

合金钢试样用酸溶解后,在硫酸-磷酸介质中,于室温下用高锰酸钾将钒氧化至五价,加钽试剂-三氯甲烷溶液,将钒的配合物萃取至三氯甲烷中,于波长 530nm 处测量其吸光度,与标准曲线对照,即可得到试样中钒的含量,并按下式计算钒的质量分数:

$$w(V) = \frac{c(V)V}{m_s V_1} \cdot 100\%$$

式中:$w(V)$ 为试样中钒的质量分数;$c(V)$ 为根据回归方程计算的钒的质量浓度,单位为 $mg \cdot L^{-1}$;V 为试液的总体积,单位为 mL;V_1 为分取试液的体积,单位为 mL;m_s 为试样的质量,单位为 g。

本实验适用于钢铁及合金钢中钒含量(质量分数为 0.005%～0.50%)的测定。

三、预习要求

1.合金钢试样的预处理方法。

2.萃取光度法测定钒含量的实验方法。

3.试样空白溶液吸光度的扣除方法。

四、仪器与试剂

仪器:722(或 7200、721)型分光光度计(配 1cm 比色皿);容量瓶(100mL、500mL、1000mL);分液漏斗(60mL)等。

试剂:

铜溶液($10g \cdot L^{-1}$):称取 1g 电解铜,用 10mL 浓硝酸溶解,再加 5mL 浓硫酸,加热蒸发至冒烟,稍冷,用水溶解并稀释至 100mL,混匀。

亚砷酸钠溶液($5g \cdot L^{-1}$):称取 0.5g 三氧化二砷,溶于 50mL $50g \cdot L^{-1}$ 氢氧化钠溶液中,用硫酸中和至溶液呈中性,用水稀释至 100mL,混匀。

N-苯甲酰-N-苯胺(钽试剂)-三氯甲烷溶液($1.0g \cdot L^{-1}$):称取 0.10g 钽试剂溶于 100mL 三氯甲烷中,贮于棕色瓶中或使用时现配。

硫酸-过氧化氢洗液:将 10mL 浓硫酸加入 50mL 水中,再加 5mL $1.10g \cdot mL^{-1}$ 过氧化氢溶液,用水稀释至 100mL,混匀,用时现配。

钒标准溶液:称取 0.1785g 基准五氧化二钒(预先经 110℃烘 1h,干燥后置于干燥器中,冷却至室温)置于烧杯中,加 25mL $50g \cdot L^{-1}$ 氢氧化钠溶液,加热溶解。用 1:1 硫酸中和至酸性并过量 20mL,加热蒸发至冒烟,稍冷,用水溶解,冷却至室温后定量转入 1000mL 容量瓶中,用水稀释至刻度,摇匀,1L 此溶液含 100mg 钒;移取 50.00mL 钒标准溶液,置于 500mL 容量瓶中,用水稀释至刻度,摇匀,1L 此溶液含 10mg 钒。

三氯甲烷;浓盐酸;盐酸(1:1);浓硝酸;浓硫酸;硫酸(1:1);磷酸($1.69g \cdot mL^{-1}$);高锰酸钾溶液($3g \cdot L^{-1}$);尿素溶液($400g \cdot L^{-1}$);亚硝酸钠溶液($5g \cdot L^{-1}$)。

材料:合金钢试样;滤纸或脱脂棉。

五、实验内容

1.试样的溶解

称取一定量的合金钢试样于烧杯中,加 15mL 浓盐酸,加热,分次滴加 5mL 浓硝酸,加热至试样全部溶解(如试样不溶解,再适当补加盐酸或硝酸)。稍冷,加 8mL 浓硫酸,8mL 磷酸,继续加热蒸发至冒烟。此时如有碳化物未被破坏,则滴加硝酸再蒸发至冒烟,反复进行直至碳化物被全部破坏为止。稍冷,加 50mL 水,加热溶解盐类,冷却至室温,移入 100mL 容量瓶中,用水稀释至刻度,混匀(若有沉淀,用前需过滤)。

2.钒的氧化

移取 10.00mL 上述试液于 60mL 分液漏斗中,加 1mL 铜溶液,边摇边滴加高锰酸钾溶液至呈稳定红色,并保持 2~3min,加 2mL 尿素溶液,边摇动边滴加亚硝酸钠溶液(对于含铬 1mg 以上的试样,滴加亚硝酸钠溶液前先加 5 滴亚砷酸钠溶液还原过剩高锰酸钾,至粉红色完全消失为止)。

3.显色与萃取

依次加 10.00mL 钽试剂-三氯甲烷溶液和 15mL 1∶1 盐酸,立即振荡 1min,静置分层。

4.吸光度的测定

下层有机相溶液用滤纸或脱脂棉过滤于 1cm 比色皿中。以三氯甲烷为参比,于530nm 波长处测量其吸光度。测得的吸光度扣除试样空白溶液的吸光度,根据回归方程计算出显色液中相应的钒量。

5.标准曲线的绘制

称取不含钒但与试样相同质量的纯铁一份,用酸溶解(同步骤1)。移取 10.00mL 溶液 6 份,各置于 60mL 分液漏斗中,分别加 0.00、1.00、2.00、3.00、4.00 和 5.00mL 钒标准溶液,再分别加入 1.00mL 铜溶液,按步骤2、3处理后测其吸光度。扣除"0.00"溶液的吸光度后,以钒的浓度为横坐标,吸光度为纵坐标,绘制标准曲线,线性回归分析后,得到相应的回归方程。

【注意事项】

钒含量在 0.005%~0.10% 时,取试样 0.50g 左右;钒含量在 0.10%~0.50% 时,取试样 0.10g 左右。

【思考题】

1.钒的氧化中,加入尿素和亚硝酸钠的目的是什么? 当铬的含量超过 1mg,为什么要在亚硝酸钠加入前向溶液中加 5 滴亚砷酸钠?

2.配制标准溶液时,为什么要在不含钒的纯铁试样溶液中加入不同体积的钒标准溶液?

3.如何在分光光度计上扣除试液的吸光度?

4.试样溶液浓度过大或过小对测量有何影响? 应如何调整?

5.萃取过程中,静置分层后,两相交界处为什么会出现一层乳浊液?

六、数据记录与处理

请自行设计表格并计算、分析结果。

（韩得满）

实验 31　萃取光度法测定环境水样中微量铅含量

一、实验目的

1. 学习萃取分离的基本操作。
2. 掌握二硫腙显色—有机溶剂萃取—分光光度法测定水样中微量铅的原理。
3. 进一步熟悉分光光度计的操作方法。

二、实验原理

微量铅的测定可采用二硫腙显色—有机溶剂萃取—分光光度法测定。该方法经萃取分离、富集试样中的微量铅,具有较高的灵敏度和选择性。在 pH 为 $8.5 \sim 9.5$ 的缓冲溶液中,铅与二硫腙形成淡红色配合物($\varepsilon = 6.7 \times 10^4 \text{L} \cdot \text{mol}^{-1} \cdot \text{cm}^{-1}$, $\lambda_{max} = 510\text{nm}$),配合物经三氯甲烷萃取,在分光光度计上测定有机相有色溶液的吸光度,确定微量铅的含量。

三、预习要求

1. 溶剂萃取分离的基本操作。
2. 二硫腙显色—有机溶剂萃取—分光光度法测定微量铅的方法。

四、仪器与试剂

仪器:722(或 7200、721)型分光光度计(配 1cm 比色皿);容量瓶(1L);分液漏斗(150mL、250mL)等。

试剂：

二硫腙溶液(25g·L^{-1})：7.5g 二硫腙溶解于 300mL 三氯甲烷中,此溶液于实验当天配制使用。

Pb^{2+}储备液(1.0g·L^{-1})：准确称取 1.60g Pb(NO$_3$)$_2$ 溶于水中,并定容于 1L 容量瓶中;使用时稀释至 10mg·L^{-1}作为 Pb^{2+}标准使用液。

NH$_3$·H$_2$O-NH$_4$Cl 缓冲溶液(pH 9.0);浓硝酸;HNO$_3$ 溶液(20%);浓高氯酸;三氯甲烷(分析纯)。

材料：水样。

五、实验内容

1. 水样的预处理

无悬浮物的地下水、洁净的地表水可直接测定。

较浑浊的水样,需加少量稀硝酸微沸消煮、过滤、定容。

有悬浮物、有机杂质的水样,需加浓硝酸、浓高氯酸消煮至近干,冷却后用稀硝酸溶解、过滤、定容。

2. 试样的测定

准确量取一定体积的水样(含铅 15μg 以下)于分液漏斗中,加纯水至 50mL,再加 5mL 20% HNO$_3$ 溶液和 25mL 缓冲液,摇匀。加 5.00mL 二硫腙显色剂,振荡 30s,静置分层后弃去下层有机层 1mL,再注入比色皿中,以三氯甲烷为参比,测 510nm 处的吸光度。

3. 标准曲线的绘制

准确量取铅标准使用液 0.00、0.50、1.00、2.50、5.00、7.50、10.00、12.50 和 15.00mL 于分液漏斗中,各加纯水至 50mL,加 5mL 20% HNO$_3$ 溶液,25mL 缓冲液,摇匀。加 5.00mL 二硫腙显色剂,振荡 30s,静置分层,弃去下层有机层 1mL,再注入比色皿中,以三氯甲烷为参比,测 510nm 处的吸光度。以有机层中铅的浓度为横坐标、吸光度为纵坐标绘制标准曲线。对数据做线性回归分析后,得到相应的回归方程。

【思考题】

1. 水样中的铁等金属离子对本实验有干扰,应如何消除共存金属离子的影响?

2. 本方法中,为什么不使用比色管?准确测定水样中微量铅的关键是什么?

3. 如果试液测得的吸光度不在标准曲线范围之内该怎么办?

六、数据记录与处理

请自行设计表格,并根据所测水样的吸光度和线性方程,计算铅的浓度。

(韩得满)

实验 32　催化光度法测定人发中痕量锰含量

一、实验目的

1.了解锰(Ⅱ)催化高碘酸钠氧化考马斯亮蓝 G 褪色光度法测定痕量锰的原理。

2.进一步熟悉分光光度计的操作方法。

二、实验原理

在弱酸性条件下,高碘酸钠能氧化考马斯亮蓝 G,使其褪色,而锰对该褪色反应有较强的催化作用,据此可建立锰催化高碘酸钠氧化考马斯亮蓝 G 褪色反应分光光度法测定痕量锰的方法。

在 pH=5.50、70℃条件下,高碘酸钠能氧化考马斯亮蓝 G,其反应为

$$IO_4^- + G + 2H^+ \longrightarrow G\cdot + IO_3^- + H_2O$$

当有 Mn^{2+} 存在时,高碘酸钠氧化考马斯亮蓝 G 使其褪色的能力显著增强,Mn^{2+} 催化机理如下:

$$Mn^{2+} + IO_4^- + 2H^+ \longrightarrow Mn^{4+} + IO_3^- + H_2O$$
$$Mn^{4+} + G + H_2O \longrightarrow G\cdot + Mn^{2+} + 2H^+$$

G(考马斯亮蓝 G):　　　　　　　　　　　G·(考马斯亮蓝 G 氧化产物):

三、预习要求

1.试样前处理的基本操作。

2.锰催化高碘酸钠氧化考马斯亮蓝 G 褪色反应分光光度法测定痕量锰的基本原理。

3.分光光度计的基本操作。

四、仪器与试剂

仪器:722(或 7200、721)型分光光度计(配 1cm 比色皿);容量瓶(250mL);比色管(25mL);凯氏烧瓶。

试剂:

锰标准溶液储备液:准确称取 0.7689g $MnSO_4 \cdot H_2O$ 于小烧杯中,用水溶解后,定量

转入 250mL 容量瓶里,以水稀释至刻度,此液含 Mn^{2+} 1.00mg·mL^{-1};使用时稀释 10000 倍,即为锰标准操作液。

考马斯亮蓝 G 乙醇溶液(0.06%);$NaIO_4$ 溶液(0.01mol·L^{-1});浓硝酸;浓高氯酸;氢氧化钠溶液(1.0mol·L^{-1})。

材料:人发。

五、实验内容

1.标准曲线的绘制

准确量取锰标准操作液 0.00、0.50、1.00、1.50、2.00、2.50mL 于 6 支 25mL 比色管中,分别加入 1.50mL 0.06%考马斯亮蓝 G 乙醇溶液和 3.00mL 0.01mol·L^{-1} $NaIO_4$ 溶液,摇匀。用纯水定容至 25.00mL,水浴加热 25min,冷却,在 584nm 处测各溶液的吸光度。以锰的浓度为横坐标、吸光度为纵坐标绘制标准曲线。对数据做线性回归分析后,得到相应的回归方程。

2.试样的处理与测定

准确称取洗净、烘干的人发 10g 左右于凯氏烧瓶中,用浓硝酸和高氯酸加热消解至无色澄清,冷却后用 NaOH 溶液中和至 pH 5.5,定容至 100mL,作为待测液。准确移取适量待测液于 25mL 比色管中,按步骤 1 操作测定吸光度。

【思考题】

1.人发的预处理是湿法消解还是干法消解?硝酸和高氯酸可以同时加入吗?

2.584nm 的入射光波长是怎么确定的?

3.简述催化光度法测定人发中痕量锰的原理。

六、数据记录与处理

利用所测试样的吸光度和线性回归方程,计算人发中锰的含量。

(韩得满)

实验 33　分光光度法测定水体中铬含量

一、实验目的

1.了解测定重金属铬的意义。

2.掌握二苯碳酰二肼分光光度法测定六价铬的原理与方法。

二、实验原理

铬存在于被电镀、冶炼、制革、纺织、制药等工业废水污染的水体中。水中的铬有三价、六价两种价态。三价铬和六价铬都对人体健康有害,且六价铬的毒性较强。

微量铬的测定方法主要有可见分光光度法、原子吸收分光光度法、电感耦合等离子体发射光谱法和荧光催化光度法等。其中,二苯碳酰二肼分光光度法是测定六价铬的国家标准方法。在酸性溶液中,六价铬与二苯碳酰二肼反应,生成紫红色产物[$\varepsilon = (2.6 \sim 4.2) \times 10^4 L \cdot mol^{-1} \cdot cm^{-1}$,$\lambda_{max} = 540nm$],可用分光光度法快速测定。

如果先将三价铬氧化成六价铬后再测定,就可以测得水中铬的总含量。

三、预习要求

1.分光光度法测定铬的基本原理及注意事项。
2.分光光度法的灵敏度与准确度。

四、仪器与试剂

仪器:722(或 7200、721)型分光光度计(配 1cm 比色皿);容量瓶(1L);比色管(25mL)等。

试剂:

硫酸溶液(1∶9);

二苯碳酰二肼乙醇溶液:溶解 0.20g 二苯碳酰二肼于 100mL 95％乙醇中,在缓慢搅拌下,加入 400mL 1∶9 硫酸溶液,摇匀。

铬标准储备液:称取 141.4mg 预先在 105～110℃烘干的重铬酸钾,溶解于水中,转入 1000mL 容量瓶中,加水稀释至标线,1L 此溶液中含 50.0mg 六价铬。

铬标准使用液:吸取 20.00mL 铬标准储备液至 1L 容量瓶中,加水稀释到标线,1L 此溶液中含 1.00mg 六价铬,临用时配制。

材料:水样。

五、实验内容

1.试样的测定

吸取少许水样,置于 25mL 比色管中(如果水样浑浊要过滤),加 2.5mL 二苯碳酰二肼乙醇溶液,混匀,放置 10min,用水稀释至 25.00mL,目视比色。如用分光光度计,则在 540nm 波长下,用 1cm 比色皿,以试剂空白为参比,测定吸光度。

2.标准曲线的绘制

依次取铬标准使用液 0.00、0.20、0.50、1.00、2.00、4.00、6.00、8.00 及 10.00mL 于 9 支 25mL 比色管中,分别加 2.5mL 二苯碳酰二肼溶液,混匀,放置 10min,用水稀释至 25.00mL,目视比色。如用分光光度计,则于 540nm 波长下,用 1cm 比色皿,以试剂空白为参比,测定吸光度。以铬的浓度为横坐标、吸光度为纵坐标,绘制标准曲线。对数据做线性回归分析,得到相应的线性方程。

【思考题】

1. 如果实验中水样所测得的吸光度不在标准曲线的范围内,该怎么办?

2. 如何分别测得水样中六价铬和三价铬的含量?

3. 水样中铬含量较高时,怎样测定其含量?

4. 二苯碳酰二肼与六价铬反应生成的产物是什么? 反应条件如何?

5. 为什么要以试剂空白为参比?

六、数据记录与处理

请自行设计表格,利用测定的吸光度和线性回归方程,计算水样中六价铬的浓度。

(韩得满)

实验 34 钢铁中微量镍含量的测定

一、实验目的

1. 了解丁二酮肟镍重量法测定镍的原理和方法。

2. 掌握用玻璃坩埚过滤等重量分析法的基本操作。

二、实验原理

丁二酮肟是一种二元弱酸(以 H_2D 表示),离解平衡为

$$H_2D \underset{+H^+}{\overset{-H^+}{\rightleftharpoons}} HD^- \underset{+H^+}{\overset{-H^+}{\rightleftharpoons}} D^{2-}$$

其分子式为 $C_4H_8O_2N_2$,摩尔质量为 $116.2 g \cdot mol^{-1}$。研究表明,只有当丁二酮肟以 HD^- 形态存在时,才能在氨性溶液中与 Ni^{2+} 发生沉淀反应:

$$Ni^{2+} + 2 \begin{matrix} CH_3-C=NOH \\ | \\ CH_3-C=NOH \end{matrix} + 2NH_3 \cdot H_2O \Longrightarrow \begin{matrix} \text{(complex structure)} \end{matrix} \downarrow + 2NH_4^+ + 2H_2O$$

93

沉淀经过滤和洗涤,于 120℃ 下烘干至恒重,称得丁二酮肟镍的质量 $m[\text{Ni}(\text{HD})_2]$,并可按下式计算 Ni 的质量分数:

$$w(\text{Ni}) = \frac{m[\text{Ni}(\text{HD})_2] \cdot \dfrac{M(\text{Ni})}{M[\text{Ni}(\text{HD})_2]}}{m_s} \cdot 100\%$$

式中:$w(\text{Ni})$ 为样品中 Ni 的质量分数;$m[\text{Ni}(\text{HD})_2]$ 为丁二酮肟镍的质量,单位为 g;$M(\text{Ni})$ 为镍的摩尔质量,单位为 $\text{g} \cdot \text{mol}^{-1}$;$M[\text{Ni}(\text{HD})_2]$ 为丁二酮肟镍的摩尔质量,单位为 $\text{g} \cdot \text{mol}^{-1}$;$m_s$ 为试样的质量,单位为 g。

通常在 pH=8～9 的氨性溶液中进行沉淀。若酸度太大,生成 H_2D,使沉淀溶解度增大;若酸度太小,由于生成 D^{2-},同样将增加沉淀的溶解度。若氨浓度太高,又会生成 Ni^{2+} 的氨配合物。

丁二酮肟是一种高选择性有机沉淀剂,它只与 Ni^{2+}、Pd^{2+}、Fe^{2+} 生成沉淀。Co^{2+}、Cu^{2+} 与其生成水溶性配合物,不仅会消耗 H_2D,还会引起共沉淀现象。因此,当 Co^{2+}、Cu^{2+} 含量较高时,最好进行二次沉淀或预先分离。

由于 Fe^{3+}、Al^{3+}、Cr^{3+}、Ti^{4+} 等离子在氨性溶液中生成氢氧化物沉淀,干扰测定,故在加氨水前,需加入柠檬酸或酒石酸配位剂,使其生成水溶性配合物。

三、预习要求

1. 丁二酮肟镍重量法测定镍的原理和方法。
2. 玻璃坩埚过滤等重量分析法的基本操作。

四、仪器与试剂

仪器:G4 号微孔玻璃坩埚;烘箱;分析天平。

试剂:

混合酸(HCl:HNO_3:H_2O=3:1:2);酒石酸或柠檬酸溶液(500g·L^{-1});丁二酮肟乙醇溶液(10g·L^{-1});氨水(1:1);HCl 溶液(1:1);HNO_3 溶液(2mol·L^{-1});$AgNO_3$ 溶液(0.1mol·L^{-1})。

NH_3·H_2O-NH_4Cl 洗涤液:100mL 水中加入 1mL 氨水和 1g NH_4Cl。

材料:钢铁试样。

五、实验内容

准确称取钢铁试样(含 Ni 30～80mg)2 份,分别置于 500mL 烧杯中,加入 20～40mL 混合酸,盖上表面皿,低温加热溶解后,煮沸除去氮的氧化物,加入 5～10mL 酒石酸溶液(1g 试样加入 10mL)。在不断搅动的条件下,滴加 1:1 氨水至溶液 pH=8～9,此时溶液转变为蓝绿色。如有不溶物,应将沉淀过滤,并用热的 NH_3·H_2O-NH_4Cl 洗涤液洗涤沉淀数次(洗涤液与滤液合并)。滤液用 1:1 HCl 溶液酸化,用热水稀释至约 300mL,加热至 70～80℃,在不断搅拌的条件下,加入 10g·L^{-1} 丁二酮肟乙醇溶液沉淀 Ni^{2+}(1mg Ni^{2+} 约需 1mL 10g·L^{-1} 丁二酮肟乙醇溶液),最后再多加 20～30mL,但所加试剂的总量不要超过试液体积的 1/3,以免增大沉淀的溶解度。然后在不断搅拌的条件下,滴加 1∶1 氨水,使溶液的 pH 值为 8~9。在 60~70℃下保温 30~40min。取下,稍冷后,用已恒重的 G4 号微孔玻璃坩埚进行减压过滤,用 $20g \cdot L^{-1}$ 酒石酸溶液洗涤烧杯和沉淀 8~10 次,再用温热水洗涤沉淀至无 Cl^- 为止(检查 Cl^- 时,可将滤液以稀 HNO_3 溶液酸化,用 $AgNO_3$ 溶液检查)。将带有沉淀的微孔玻璃坩埚置于 130~150℃烘箱中烘 1h,冷却,称量,再烘干,再称量,直至恒重为止(对丁二酮肟镍沉淀的恒重,可视当两次质量之差不大于 0.4mg 时为符合要求)。根据丁二酮肟镍的质量,计算试样中镍的含量。

实验完毕,微孔玻璃坩埚以稀 HCl 溶液洗涤干净。

【注意事项】

1. 按照国家标准方法溶解试样时,先用 HCl 溶液溶解后,滴加 HNO_3 溶液氧化,再加 $HClO_4$ 溶液至冒烟,以破坏难溶的碳化物。而本实验略去 $HClO_4$ 溶液的冒烟操作。

2. 在酸性溶液中加入沉淀剂,再滴加氨水使溶液的 pH 值逐渐升高,沉淀随之慢慢析出,这样能得到颗粒较大的沉淀。

3. 溶液温度不宜过高,否则乙醇挥发太多,引起丁二酮肟本身的沉淀,且高温下柠檬酸或酒石酸能部分还原 Fe^{3+} 为 Fe^{2+},对测定有干扰。

【思考题】

1. 溶解试样时加入 HNO_3 溶液的作用是什么?

2. 为了得到纯净的丁二酮肟镍沉淀,应选择和控制好哪些实验条件?

六、数据记录与处理

将实验数据填入表格并计算、分析结果。

		1	2
m_s/g			
m(恒重的空坩埚质量)/g			
m(加热后坩埚+丁二酮肟镍沉淀)/g	第 1 次称量		
	第 2 次称量		
	平均值		
m(丁二酮肟镍沉淀)/g			
$w(Ni)/\%$			
$\overline{w}(Ni)/\%$			

(黄　凌)

实验 35　食品中亚硝酸盐含量的测定

一、实验目的

1. 熟悉食品中亚硝酸盐的卫生标准。
2. 掌握食品中亚硝酸盐含量测定的基本方法。

二、实验原理

亚硝酸盐是潜在的有毒和致癌物质,测定腌菜中亚硝酸盐的含量对保障食品安全非常重要。

目前,亚硝酸盐的主要测定方法有分光光度法、发光分析法、电化学分析法、色谱分析法等,其中格里斯试剂比色法是测定亚硝酸盐的一种常见方法。该方法的原理是试样经沉淀蛋白质、除去脂肪后,在弱酸性条件下,亚硝酸盐与对氨基苯磺酸重氮化后,再与盐酸萘乙二胺耦合形成紫红色染料,与标准比较定量。

三、预习要求

1. 格里斯试剂比色法测定亚硝酸盐的基本原理。
2. 食品试样预处理的方法。

四、仪器与试剂

仪器:722(或 7200、721)型分光光度计;小型粉碎机;具塞比色管(25mL);容量瓶(100mL、200mL、500mL)等。

试剂:

$NH_3 \cdot H_2O$-NH_4Cl 缓冲液:在 1L 容量瓶中加入 500mL 水,准确加入 20.0mL 浓盐酸,振荡混匀,再准确加入 50mL 浓 $NH_3 \cdot H_2O$,用水稀释至刻度。必要时用稀盐酸和稀 $NH_3 \cdot H_2O$ 调 pH 至 9.6~9.7。

硫酸锌溶液(0.42mol·L^{-1}):称取 120g 硫酸锌($ZnSO_4 \cdot 7H_2O$),用水溶解,稀释定容至 1000mL。

氢氧化钠溶液(20g·L^{-1}):称取 20g 氢氧化钠,用水溶解,稀释至 1L。

对氨基苯磺酸溶液:称取 10g 对氨基苯磺酸,溶于 700mL 水和 300mL 冰醋酸中,置棕色瓶中混匀,室温保存。

N-1-萘基乙二胺溶液(0.1%):称取 0.1g N-1-萘基乙二胺,加 60%(体积比)乙酸溶解并稀释至 100mL,混匀后,置棕色瓶中,在冰箱中保存,一周内稳定。

显色剂:临用前将 0.1% N-1-萘基乙二胺溶液和对氨基苯磺酸溶液等体积混合。

亚硝酸钠标准溶液:准确称取 250.0mg 于硅胶干燥器中干燥 24h 的亚硝酸钠,加水溶解后移入 500mL 容量瓶中,加 100mL 缓冲溶液,加水稀释至刻度,混匀,于 4℃避光保存,1mL 此溶液中含 500μg 亚硝酸钠。

亚硝酸钠标准使用液:临用前,移取 1.00mL 亚硝酸钠标准溶液于 100mL 容量瓶中,加水稀释至刻度,1mL 此溶液中含 5.0μg 亚硝酸钠。

材料:腌菜。

五、实验内容

1.试样的处理

称取约 5.00g 经绞碎混匀的腌菜试样,置于粉碎机中,加 70mL 水和 12mL 20g·L⁻¹ 氢氧化钠溶液,混匀,用 20g·L⁻¹ 氢氧化钠溶液调试样 pH 至约 8,定量转移至 200mL 容量瓶中,加 10mL 硫酸锌溶液,混匀,如不产生白色沉淀,再补加 2～5mL 氢氧化钠溶液,混匀。置 60℃ 水浴中加热 10min,取出后冷至室温,加水至刻度,混匀,放置 0.5h,用滤纸过滤,弃去初滤液 20mL,收集中间滤液备用。

2.亚硝酸盐标准曲线的绘制

吸取 0.00、0.50、1.00、2.00、3.00、4.00、5.00mL 亚硝酸钠标准使用液,分别置于 7 支 25mL 具塞比色管中,再分别加入 4.50mL 缓冲液,2.50mL 60% 乙酸后立即加入 5.00mL 显色剂,加水至刻度,混匀,在暗处静置 25min。用 1cm 比色皿,以试剂空白作参比,于 550nm 波长处测吸光度,并绘制标准曲线(低含量试样要绘制低含量标准曲线)。

3.试样的测定

吸取 10.00mL 上述试样处理滤液于 25mL 具塞比色管中,按上述操作方法测定试液的吸光度。

【思考题】

1.测定食品中亚硝酸盐的含量有哪些方法?本实验测定亚硝酸盐的原理是什么?

2.酸度对测定亚硝酸盐有何影响?如何确定适宜的酸度?

3.试样处理中为何要弃去初滤液 20mL?

六、数据记录与处理

请自行设计表格并计算、分析结果。

(韩得满)

第4章 应用性与综合性实验

实验 36　HCl-NH₄Cl 混合溶液中各组分含量的测定

一、实验目的

1. 进一步熟悉标准溶液的配制和标定方法。
2. 学会指示剂及其他试剂的配制和使用方法。
3. 巩固酸碱滴定的基本原理和操作规程。

二、实验原理

测定 HCl-NH_4Cl 混合溶液中各组分含量的方法有三种。

方法一　先用 $NaOH$ 标准溶液滴定至酚酞指示剂显微粉红色,测定 HCl 含量,再加 KI 指示剂,用 $AgNO_3$ 标准溶液滴定至出现淡黄色 AgI 沉淀,这是氯离子总量,减量法求出氯化铵的量。该法用酚酞作指示剂,而 NH_4^+ 显弱酸性,最后滴定至终点时,有一部分 NH_4^+ 与 $NaOH$ 反应,造成的误差太大。

方法二　使用 $NaOH$ 标准溶液滴定,用甲基红作指示剂(滴定终点位于弱酸区),至出现橙黄色,测定 HCl 含量,再加入 $AgNO_3$ 进行反应,对沉淀进行称重,测出氯离子总量,减量法求出氯化铵的量。该法对生成的沉淀进行称重,先要分离出沉淀,此时会损失部分沉淀的量,造成的误差也太大。

方法三　使用 $NaOH$ 标准溶液滴定,先用甲基红作指示剂,滴定至溶液变为橙黄色,测定 HCl 含量,消耗 $NaOH$ 标准溶液体积为 V_1;再用酚酞作指示剂,滴定至溶液变为微粉红色,测定氯化铵的含量,消耗 $NaOH$ 标准溶液体积为 V_2。该法操作简便易行,且准确度较高。

HCl 为一元强酸,可直接用 $NaOH$ 标准溶液滴定,其反应式为

$$HCl + NaOH =\!=\!= NaCl + H_2O$$

NH_4Cl 是一元弱酸,其解离常数太小,不能用 $NaOH$ 标准溶液直接滴定,故可用甲醛将其强化,其反应式为

$$4NH_4^+ + 6HCHO =\!=\!= (CH_2)_6N_4H^+ + 3H^+ + 6H_2O$$

反应生成的 H^+ 和 $(CH_2)_6N_4H^+$($K_a = 7.1 \times 10^{-6}$)可直接用 $NaOH$ 标准溶液滴定。

反应到第一化学计量点时,溶液为 NH_4^+ 溶液,pH=5.28,故可用甲基红作指示剂。

反应到第二化学计量点时,溶液为 $(CH_2)_6N_4$ 溶液,pH=8.9,故可用酚酞作指示剂。

计算公式为

$$c(HCl) = \frac{c(NaOH)V_1}{V_s} \qquad\qquad c(NH_4^+) = \frac{c(NaOH)V_2}{V_s}$$

式中:$c(HCl)$ 为混合试液中 HCl 的浓度,单位为 $mol \cdot L^{-1}$;$c(NH_4^+)$ 为混合试液中 NH_4^+ 的浓度,单位为 $mol \cdot L^{-1}$;$c(NaOH)$ 为 $NaOH$ 标准溶液的浓度,单位为 $mol \cdot L^{-1}$;V_s 为混合试液的体积,单位为 mL。

三、预习要求

1.酸碱滴定法测定酸碱混合体系中各组分的一般原理和方法。

2.酸碱标准溶液的配制与标定。

3.弱酸组分的强化方法。

四、仪器与试剂

仪器:分析天平;电子台秤;称量瓶;碱式滴定管(50mL);移液管(25mL);烧杯(500mL);锥形瓶(250mL);塑料试剂瓶;玻璃棒;洗耳球。

试剂:NaOH 溶液(0.1mol·L^{-1});HCl 溶液(0.1mol·L^{-1});甲基红指示剂(2g·L^{-1});酚酞指示剂(2g·L^{-1},乙醇溶液);甲醛溶液(1∶1);NH_4Cl 溶液(0.1mol·L^{-1});$KHC_8H_4O_4$(固体)。

材料:混合试液(0.1mol·L^{-1} HCl 溶液与 0.1mol·L^{-1} NH_4Cl 溶液按 1∶1 混合)。

五、实验内容

1.NaOH 标准溶液的配制和标定

用电子台秤称取 NaOH 固体 2g,放入 500mL 烧杯中加蒸馏水溶解,继续加蒸馏水至刻度,搅拌摇匀,转入塑料试剂瓶。

在称量瓶中以减量法称量 $KHC_8H_4O_4$ 3 份,每份 0.4~0.6g,分别倒入 250mL 锥形瓶中,加入 40~50mL 蒸馏水,待试剂完全溶解后,加入 2~3 滴酚酞指示剂,用待标定的 NaOH 溶液滴定至呈微红色并保持半分钟不褪色即为终点。计算 NaOH 溶液的浓度和标定结果的相对平均偏差。

2.混合溶液中各组分含量的测定

准确移取 HCl-NH_4Cl 混合试液 25.00mL 于 250mL 锥形瓶中,滴加 1~2 滴甲基红指示剂,用已标定的 NaOH 标准溶液滴定至橙黄色,并保持半分钟不褪色即为终点,记录消耗的 NaOH 标准溶液的体积。继续加入 10mL 1∶1 甲醛溶液,滴加 1~2 滴酚酞指示剂,充分摇匀,放置 1min 后,用 NaOH 标准溶液滴定至微橙红色并保持半分钟不褪色即为终点,记录消耗的 NaOH 标准溶液的体积。平行测定 3 次。

【思考题】

1.NH_4^+ 为什么不能直接用 NaOH 溶液滴定?

2.能否用甲醛法测定 NH_4NO_3、NH_4Cl 和 NH_4HCO_3?

3.还可以用何种方法来标定 NaOH 溶液的浓度?

六、数据记录与处理

请自行设计表格并计算、分析结果。

(黄 凌)

实验 37　福尔马林中甲醛含量的测定

一、实验目的

1. 了解福尔马林溶液中甲醛含量的测定原理与方法。
2. 熟悉亚硫酸钠与甲醛的反应机理。
3. 掌握指示剂的选择方法与技巧。

二、实验原理

在过量的亚硫酸钠水溶液（pH 9～10）中，亚硫酸钠与甲醛发生加成反应，生成羟基磺酸钠（$pK_a = 11.70$）和 NaOH，用 HCl 滴定生成的 NaOH 即可间接测定 HCHO。

$$Na_2SO_3 + HCHO + H_2O \longrightarrow \begin{array}{c} H \\ | \\ H-C-OH \\ | \\ SO_3Na \end{array} + NaOH$$

由于上述反应有一定的可逆性，因此适当过量的 Na_2SO_3 可使反应向正反应方向进行。

生成的 NaOH 用 HCl 标准溶液滴定至终点时，溶液的 pH 约为 10。因此，百里酚酞和百里酚酞-茜黄素 R 混合指示剂可用于指示滴定终点。其中，百里酚酞 pH 从 9.3 到 10.5，颜色由无色变为蓝色。滴定中当溶液由蓝色变为无色时，变化并不明显，终点较难判断，会导致终点误差增大。因此，实验中选用百里酚酞-茜黄素 R 混合指示剂。百里酚酞-茜黄素 R 变色时的 pH 为 10.2，终点由紫色变为黄色，终点较易判断。

甲醛中常含有微量甲酸（为空气氧化所致），为避免误差的引入，滴定前应取上层清液，稀释后用碱预先中和。

由于 Na_2SO_3 不稳定，易被氧化，应储于棕色的具橡胶塞的试剂瓶中，而且不应放置过久。溶液中可能含有少量的 NaOH 而使百里酚酞-茜黄素 R 混合指示剂显紫色，因此应预先用 HCl 中和至百里酚酞-茜黄素 R 显黄色。

根据滴定结果，计算福尔马林中甲醛的含量。

三、预习要求

1. 亚硫酸钠与甲醛的反应。
2. 加成反应—酸碱滴定法测定甲醛的原理。

四、仪器与试剂

仪器：分析天平；称量瓶；酸式滴定管（50mL）；碱式滴定管（50mL）；锥形瓶（250mL）；容量瓶（250mL）；试剂瓶（棕色，500mL、1000mL）；吸量管（5mL）；移液管（10mL）；量筒（10mL、100mL）；烧杯（100mL、500mL）。

试剂：

百里酚酞-茜黄素 R 混合指示剂：将 0.1% 的百里酚酞乙醇溶液与 0.1% 茜黄素 R 乙醇溶液按 2：1 的体积比进行混合。

Na_2SO_3 溶液（$1mol \cdot L^{-1}$）：称取约 63.02g Na_2SO_3 溶于 500mL 水中，贮于棕色的具橡胶塞的试剂瓶中。

NaOH 溶液（$0.5mol \cdot L^{-1}$）：取饱和 NaOH 溶液（$19mol \cdot L^{-1}$）约 5.3mL，与 200mL 水混合。

Na_2CO_3（优级纯，用前于 $270 \sim 300°C$ 干燥 1h）；HCl（1：1）；饱和 NaOH 溶液（$19mol \cdot L^{-1}$）；福尔马林溶液（含甲醛约 40%）；甲基橙指示剂（0.1%）。

五、实验内容

1. HCl 溶液浓度的标定

从称量瓶中用减量法准确称取 Na_2CO_3 3 份，每份约为 0.265g，分别置于 250mL 锥形瓶中，各加蒸馏水 50mL，摇动使之溶解，加甲基橙指示剂 1 滴。用待标定的 HCl 溶液慢慢滴定，直到锥形瓶中的溶液刚刚由黄色变为橙色即为终点。按同样的方法滴定另外 2 份。HCl 溶液浓度的相对极差不应超过 0.4%，否则应重新标定。

2. Na_2SO_3 溶液的准备

取 200mL Na_2SO_3 溶液置于 500mL 烧杯中，加入百里酚酞-茜黄素 R 混合指示剂 $3 \sim 4mL$，此时显紫色，用 HCl 标准溶液（$0.2mol \cdot L^{-1}$）中和至溶液显黄色。

3. 甲醛含量的测定

(1) 甲醛试液的粗测　用吸量管取福尔马林溶液的上层清液 0.5mL 于 250mL 锥形瓶中，加入百里酚酞-茜黄素 R 混合指示剂 $2 \sim 3$ 滴，加入 $0.5mol \cdot L^{-1}$ NaOH 溶液至出现紫色，再用 HCl 标准溶液滴定至溶液恰好为黄色。加入已中和好的 Na_2SO_3 溶液 50mL，此时出现紫色。再用 HCl 标准溶液滴定至溶液由紫色恰好变为黄色，记下消耗的 HCl 标准溶液的体积。如果消耗的 HCl 标准溶液体积较大，则需要稀释甲醛试液。

(2) 甲醛试液的配制　用移液管取福尔马林溶液的上层清液 10mL，定容于 250mL 容量瓶中。用移液管取 10mL 稀释后的甲醛试液于 250mL 锥形瓶中，加入百里酚酞-茜黄素 R 混合指示剂 $2 \sim 3$ 滴，加入 $0.5mol \cdot L^{-1}$ NaOH 溶液至出现紫色，再用 HCl 标准溶液滴定至溶液恰好为黄色。

(3) 加入已中和好的 Na_2SO_3 溶液 50mL，此时出现紫色。用 HCl 标准溶液滴定至溶液由紫色恰好变为黄色，记下消耗的 HCl 标准溶液的体积。重复做 3 次，计算甲醛含量。所消耗的 HCl 标准溶液体积的极差不应大于 0.04mL。

【思考题】

1. 还可以用何种方法来标定 HCl 溶液的浓度？

2. 为什么要粗测甲醛试液？

3. 是否可以用 H_2SO_4 标准溶液代替 HCl 标准溶液滴定试液中的甲醛？

第 4 章　应用性与综合性实验

101

六、数据记录与处理

请自行设计表格并计算、分析结果。

（黄　凌）

实验 38　硅酸盐水泥中 SiO_2 和 Fe、Al、Ca、Mg 含量的测定

一、实验目的

1. 学习复杂物质的分离与分析方法。
2. 掌握尿素均匀沉淀法的原理及沉淀分离技术。

二、实验原理

水泥主要由硅酸盐组成。按我国相关标准规定,水泥分成硅酸盐水泥(熟料水泥)、普通硅酸盐水泥(普通水泥)、矿渣硅酸盐水泥(矿渣水泥)、火山灰质硅酸盐水泥(火山灰水泥)和粉煤灰硅酸盐水泥(煤灰水泥)等。水泥熟料是由水泥生料经 1400℃ 以上高温煅烧而成,硅酸盐水泥由水泥熟料加入适量石膏而成,其成分与水泥熟料相似,可按水泥熟料化学分析法进行测定。

水泥熟料、未掺混合材料的硅酸盐水泥、碱性矿渣水泥等样品的分解,可采用酸分解法。不溶物含量较高的水泥熟料、酸性矿渣水泥、火山灰水泥等含酸性氧化物较高的样品分解,可采用碱熔融法。本实验所用的硅酸盐水泥较易为酸所分解。

SiO_2 的测定方法可分容量法和重量法。重量法又根据使硅酸凝聚所用物质的不同而分为盐酸干涸法、动物胶法、氯化铵法等。本实验采用氯化铵法。将试样与 7～8 倍固体 NH_4Cl 混匀,再加 HCl 溶液分解试样,HNO_3 氧化 Fe^{2+} 为 Fe^{3+}。经沉淀分离、过滤洗涤后的 $SiO_2 \cdot nH_2O$ 在瓷坩埚中于 950℃ 灼烧至恒重。本法测定结果较标准法约偏高 0.2%。若改用铂坩埚在 1100℃ 灼烧至恒重、经氢氟酸处理,测定结果与标准法结果比较,误差小于 0.1%。生产上 SiO_2 的快速分析常采用氟硅酸钾容量法。

如果不测定 SiO_2,则试样经 HCl 溶液分解、HNO_3 氧化后,用均匀沉淀法使 $Fe(OH)_3$、$Al(OH)_3$ 与 Ca^{2+}、Mg^{2+} 分离。以磺基水杨酸为指示剂,用 EDTA 配位滴定法测定 Fe;以 PAN 为指示剂,用 $CuSO_4$ 标准溶液返滴定法测定 Al。当 Fe、Al 含量高时,对 Ca^{2+}、Mg^{2+} 测定有干扰。用尿素分离 Fe、Al 后,Ca^{2+}、Mg^{2+} 是以钙指示剂(GBHA)或

铬黑 T 为指示剂,用 EDTA 配位滴定法测定。若试样中含 Ti,则用 $CuSO_4$ 返滴定法,所测得的实际上是 Al、Ti 总量。若要测定 TiO_2 的含量,可加入解蔽剂苦杏仁酸,TiY 可成为 Ti^{4+},再用 $CuSO_4$ 标准溶液滴定释放的 EDTA。如 Ti 含量较低,则可用比色法测定。

三、预习要求

1. 重量法测定二氧化硅的原理和方法。
2. 配位滴定法的原理,提高配位滴定选择性的方法。
3. 直接滴定法、返滴定法和减量法的原理。

四、仪器与试剂

仪器:马弗炉;瓷坩埚;干燥器;酸式滴定管(50mL);容量瓶(250mL、500mL);移液管(25mL)。

试剂:

NH_4Cl(固体);氨水(1∶1);NaOH 溶液(200g·L^{-1});HCl 溶液(12mol·L^{-1},1∶1,2mol·L^{-1});尿素溶液(500g·L^{-1});浓 HNO_3 溶液;NH_4F 溶液(200g·L^{-1});$AgNO_3$ 溶液(0.1mol·L^{-1});NH_4NO_3 溶液(10g·L^{-1})。

EDTA 溶液(0.02mol·L^{-1}):在台秤上称取 4g EDTA,加 100mL 水溶解后,转移至塑料瓶中,稀释至 500mL,摇匀,待标定。

铜标准溶液(0.02mol·L^{-1}):准确称取 0.3g 纯铜,加入 3mL 1∶1 HCl 溶液,滴加 2~3mL H_2O_2 溶液(30%),盖上表面皿,微沸溶解,继续加热赶去 H_2O_2(小泡冒完为止),冷却后转入 250mL 容量瓶中,用水稀释至刻度,摇匀。

指示剂:

①溴甲酚绿(1g·L^{-1},乙醇溶液);

②磺基水杨酸钠(100g·L^{-1});

③PAN 指示剂(3g·L^{-1},乙醇溶液);

④铬黑 T(1g·L^{-1}):称取 0.1g 铬黑 T,溶于 75mL 三乙醇胺和 25mL 乙醇中;

⑤钙指示剂(GBHA,0.4g·L^{-1},乙醇溶液)。

缓冲溶液:

①氯乙酸-乙酸铵缓冲液(pH=2):850mL 0.1mol·L^{-1} 氯乙酸溶液与 85mL 0.1mol·L^{-1} NH_4Ac 溶液混匀;

②氯乙酸-乙酸钠缓冲液(pH=3.5):250mL 2mol·L^{-1} 氯乙酸溶液与 500mL 1mol·L^{-1}NaAc 溶液混匀;

③NaOH 强碱缓冲液(pH=12.6):10g NaOH 与 10g $Na_2B_4O_7$·$10H_2O$(硼砂)溶于适量水后,稀释至 1L;

④NH_3·H_2O-NH_4Cl 缓冲液(pH=10):67g NH_4Cl 溶于适量水后加入 520mL 浓氨水,稀释至 1L。

材料:水泥。

第 4 章 应用性与综合性实验

五、实验内容

1. EDTA 溶液浓度的标定

用移液管准确移取 10mL 铜标准溶液,加入 5mL pH＝3.5 的氯乙酸-乙酸钠缓冲溶液和 35mL 水,加热至 80℃后加入 4 滴 PAN 指示剂,趁热用 EDTA 滴定至由红色变为绿色,即为终点,记下消耗 EDTA 溶液的体积。平行测定 3 次。计算 EDTA 标准溶液的浓度。

2. SiO_2 的测定

准确称取 0.4g 水泥试样,置于干燥的 50mL 烧杯中,加入 2.5～3.0g 固体 NH_4Cl,用玻璃棒混匀,滴加浓 HCl 溶液至试样全部润湿(一般约需 2mL),并滴加 2～3 滴浓 HNO_3 溶液,小心压碎块状物,搅匀。盖上表面皿,置于沸水浴中,加热 10min,加热水约 40mL,搅动,以溶解可溶性盐类。过滤,用热水洗涤烧杯和沉淀,直至滤液中无 Cl^- 为止(用 $AgNO_3$ 检验),弃去滤液。

将沉淀连同滤纸放入已恒重的瓷坩埚中,低温干燥、炭化并灰化,于 950℃灼烧 30min 后取下,置于干燥器中冷却至室温,称量。再灼烧、称量,直至恒重。计算试样中 SiO_2 的质量分数。

3. Fe_2O_3、Al_2O_3、CaO、MgO 的测定

(1) 溶样　准确称取约 2g 水泥试样于 250mL 烧杯中,加入 8g NH_4Cl,用一端平头的玻璃棒压碎块状物,仔细搅拌 20min。加入 12mL 浓 HCl 溶液,使试样全部润湿,再滴加浓 HNO_3 溶液 4～8 滴,搅匀,盖上表面皿,置于已预热的砂浴上加热 20～30min,直至无黑色或灰色的小颗粒为止。取下烧杯,稍冷后加热水 40mL,搅拌使盐类溶解。冷却后,连同沉淀一起转移到 500mL 容量瓶中,用水稀释至刻度,摇匀后放置 1～2h,使其澄清。然后用洁净干燥的虹吸管吸取溶液于洁净干燥的 400mL 烧杯中保存,供测定 Fe、Al、Ca、Mg 等元素之用。

(2) Fe_2O_3 和 Al_2O_3 含量的测定　准确移取 25mL 试液于 250mL 锥形瓶中,加入 10 滴磺基水杨酸钠,10mL pH＝2 的氯乙酸-乙酸钠缓冲溶液,将溶液加热至 70℃,用 EDTA 标准溶液缓慢地滴定至由酒红色变为无色(终点时溶液温度应在 60℃左右),记下消耗的 EDTA 标准溶液的体积。

于滴定铁后的溶液中,加入 1 滴溴甲酚绿,用 1：1 氨水调至黄绿色,然后,加入 15.00mL 过量的 EDTA 标准溶液,加热煮沸 1min,加入 10mL pH＝3.5 的氯乙酸-乙酸钠缓冲溶液,4 滴 PAN 指示剂,用铜标准溶液滴至呈茶红色即为终点,记下消耗的铜标准溶液的体积。平行测定 3 次,计算 Fe_2O_3、Al_2O_3 的含量。

$$w(Fe_2O_3) = \frac{\frac{1}{2}c(EDTA)V(EDTA)M(Fe_2O_3)}{m_s} \cdot 100\%$$

式中:$w(Fe_2O_3)$ 为 Fe_2O_3 的质量分数;$c(EDTA)$ 为 EDTA 标准溶液的浓度,单位为 $mol \cdot L^{-1}$;$V(EDTA)$ 为滴定 Fe^{3+} 消耗的 EDTA 标准溶液的体积,单位为 L;$M(Fe_2O_3)$ 为 Fe_2O_3 的摩尔质量,单位为 $g \cdot mol^{-1}$;m_s 为试样的质量,单位为 g。

$$w(Al_2O_3) = \dfrac{\dfrac{1}{2}[c(EDTA)V(EDTA) - c(Cu^{2+})V(Cu^{2+})]M(Al_2O_3)}{m_s} \cdot 100\%$$

式中:$w(Al_2O_3)$为 Al_2O_3 的质量分数;$c(EDTA)$为 EDTA 标准溶液的浓度,单位为 mol·L^{-1};$V(EDTA)$为返滴定过程中加入的 EDTA 标准溶液的体积,单位为 L;$c(Cu^{2+})$为 Cu^{2+} 标准溶液的浓度,单位为 mol·L^{-1};$V(Cu^{2+})$为返滴定过量部分 EDTA 所消耗的 Cu^{2+} 标准溶液的体积,单位为 L;$M(Al_2O_3)$为 Al_2O_3 的摩尔质量,单位为 g·mol^{-1}。

(3) CaO 和 MgO 含量的测定　由于 Fe^{3+}、Al^{3+} 干扰 Ca^{2+}、Mg^{2+} 的测定,须将它们预先分离。为此,取试液 100mL 于 200mL 烧杯中,滴入 1∶1 氨水至生成红棕色沉淀时,再滴入 2mol·L^{-1} HCl 溶液使沉淀刚好溶解。然后加入 25mL 尿素溶液,加热约 20min,不断搅拌,使 Fe^{3+}、Al^{3+} 完全沉淀,趁热过滤,滤液用 250mL 烧杯承接,用 1‰ NH_4NO_3 热水洗涤沉淀至无 Cl^- 为止(用 $AgNO_3$ 溶液检查)。滤液冷却后转移至 250mL 容量瓶中,稀释至刻度,摇匀。滤液用于测定 Ca^{2+}、Mg^{2+}。

用移液管移取 25mL 试液于 250mL 锥形瓶中,加入 2 滴钙指示剂,滴加 200g·L^{-1} NaOH 溶液使溶液变为微红色,加入 10mL pH=12.6 的 NaOH 强碱缓冲液和 20mL 水,用 EDTA 标准溶液滴定至由红色变为亮黄色,即为终点,记下消耗 EDTA 标准溶液的体积。

在测定 CaO 后的溶液中,滴加 2mol·L^{-1} HCl 溶液至溶液的黄色褪去,此时 pH 约为 10,加入 15mL pH=10 的 $NH_3·H_2O-NH_4Cl$ 缓冲液,2 滴铬黑 T 指示剂,用 EDTA 标准溶液滴定至由红色变为纯蓝色,即为终点,记下消耗 EDTA 标准溶液的体积。

平行测定 3 次。计算 CaO、MgO 的含量。

【思考题】

1. 在 Fe^{3+}、Al^{3+}、Ca^{2+}、Mg^{2+} 共存时,能否通过控制酸度,用 EDTA 标准溶液滴定其中的 Fe^{3+}? 滴定 Fe^{3+} 的酸度范围一般有多大?

2. EDTA 滴定 Al^{3+} 时,为什么要采用返滴定法?

3. EDTA 滴定 Ca^{2+}、Mg^{2+} 时,Fe^{3+}、Al^{3+} 的干扰是如何消除的?

六、数据记录与处理

请自行设计表格并计算、分析结果。

(韩得满)

实验 39 盐酸氯丙嗪片剂的检验

一、实验目的

1. 了解盐酸氯丙嗪药物的定性和定量检测方法。
2. 了解紫外分光光度法的基本原理和仪器的使用。

二、实验原理

盐酸氯丙嗪是一类抗精神病药,在结构上具有硫氮杂蒽母核,盐酸氯丙嗪杂蒽环的氮原子上有二甲氨基丙基的侧链,具有碱性。

1. 紫外吸收特征

本类药物母核是三环共轭的 π 系统,有较强的紫外吸收,一般具有三个峰值,即在 $204\sim209nm$($205nm$ 附近)、$250\sim265nm$($254nm$ 附近)和 $300\sim325nm$($300nm$ 附近)处,最强峰在 $250\sim265nm$ 处,$5\mu g \cdot mL^{-1}$ 盐酸氯丙嗪的盐酸溶液吸光度为 0.46,所以本类药物可使用紫外分光光度法进行鉴别和含量测定。

2. 氧化反应

盐酸氯丙嗪可被硫酸、硝酸等氧化剂氧化呈红色,可用于本品的定性鉴别。《中华人民共和国药典》介绍的鉴别方法为:取试样 10mg,加水 10mL 溶解后,加硝酸 5 滴,即显红色,渐变淡黄色。

3. Cl^- 的反应

盐酸氯丙嗪为盐酸盐,应显 Cl^- 的鉴别反应。取试样,加硝酸使之成酸性后,加硝酸银试液,即生成白色凝乳状沉淀,分离,沉淀加氨试液即溶解,再加硝酸,沉淀复出现。

三、预习要求

1. 有机分子中各结构的紫外吸收特征。
2. 紫外分光光度法的原理及定性定量依据。

四、仪器与试剂

仪器:紫外吸收分光光度计(配 1cm 比色皿);分析天平;离心机;容量瓶(100mL);吸量管等。

试剂:

HCl 溶液(0.9%,V/V):取浓盐酸 9mL,加蒸馏水稀释至 1000mL;

浓 HNO_3 溶液;HNO_3 溶液(1:1);$AgNO_3$ 溶液($0.1mol \cdot L^{-1}$);浓氨水。

材料:市售药用盐酸氯丙嗪片剂。

五、实验内容

1. 氧化反应

按照《中华人民共和国药典》规定，取试样 10mg，加水 10mL 溶解后，加硝酸 5 滴，观察现象。

2. Cl⁻ 的反应

取试样，加硝酸使之成酸性后，加硝酸银试液，观察现象。将试管内试液体系离心分离，沉淀滴加氨试液并振摇，观察现象，再滴加硝酸并振摇，观察现象。

3. 紫外吸收特征

精确称取本品(约相当于盐酸氯丙嗪 10mg，可根据药品标签推算)，置于 100mL 容量瓶中，加 HCl 溶液(0.9%)70mL，振摇并用超声波清洗机超声振荡 10min，使盐酸氯丙嗪充分溶解，用同一溶剂稀释至刻度，摇匀，用干滤纸过滤，弃去初始滤液 10mL，精密量取续滤液 5.00mL，置于另一个 100mL 容量瓶中，加同种溶剂稀释至刻度，摇匀，用紫外吸收分光光度计进行扫描，确定最大吸收波长。记录 254nm 波长处的吸光度，按 $C_{17}H_{19}ClN_2S \cdot HCl$ 的比吸光系数 $E_{1cm}^{1\%}$ 为 915 和下式计算原始药片中盐酸氯丙嗪的质量分数。

$$w = \frac{\dfrac{A}{915} \cdot \dfrac{100.00}{5.00}}{m_s} \cdot 100\%$$

式中：w 为药片中盐酸氯丙嗪的质量分数；m_s 为所称量药片试样的质量，单位为 g；A 为所配试样溶液在 254nm 处的吸光度；915 为盐酸氯丙嗪的比吸光系数 $E_{1cm}^{1\%}$，单位为 $mL \cdot (g \cdot cm)^{-1}$。

【思考题】

1. 紫外分光光度法定量分析的依据是什么？紫外吸收分光光度计所用的比色皿与可见光分光光度计所用的比色皿材质有何不同？为什么？

2. 氯化银沉淀加浓氨水后有什么现象？为什么？

3. 在配好第一瓶试样溶液时，为什么用干滤纸进行过滤？

4. $E_{1cm}^{1\%}$ 是什么意思？如何计算盐酸氯丙嗪含量？

六、数据记录与计算

请自行设计表格并计算、分析结果。

(裘 端)

第 4 章 应用性与综合性实验

实验习题

一、是非题

1. 常用的一些酸碱,如 HCl、$H_2C_2O_4$、H_2SO_4、$NaOH$、Na_2CO_3 都不能用作基准物质。

2. 失去部分结晶水的硼砂作为标定盐酸的基准物质,将使标定结果偏高。

3. 因为硼酸的 $K_{a_1} = 5.8 \times 10^{-10}$,所以不能用标准碱溶液直接滴定。

4. 无论何种酸或碱,只要其浓度足够大,都可被强碱或强酸溶液定量滴定。

5. 配制 $NaOH$ 标准溶液时,必须使用煮沸后冷却的蒸馏水。

6. 甲醛与铵盐反应生成的酸可用 $NaOH$ 滴定,其物质的量关系为 $n(NaOH):n(酸) = 1:3$。

7. 草酸作为二元酸,可被 $NaOH$ 溶液分步滴定。

8. 酸碱指示剂在酸性溶液中呈现酸色,在碱性溶液中呈现碱色。

9. 在滴定分析中,化学计量点必须与滴定终点完全重合,否则会引起较大的滴定误差。

10. 对酚酞不显颜色的溶液一定是酸性溶液。

11. 用 HCl 标准溶液滴定同浓度的 $NaOH$ 和 $NH_3 \cdot H_2O$ 时,化学计量点的 pH 均为 7。

12. HCl 标准溶液常用直接法配制,而 $NaOH$ 标准溶液则用间接法配制。

13. 酸碱指示剂的选择原则是变色敏锐、用量少。

14. EDTA 滴定法能被广泛应用的主要原因是它能与绝大多数金属离子形成 $1:1$ 的配合物。

15. 用 EDTA 滴定中,消除共存离子干扰的通用方法是控制溶液的酸度。

16. 若两种金属离子与 EDTA 形成的配合物的 $\lg K(MY)$ 值相差不大,也可以利用控制溶液酸度的方法达到分步滴定的目的。

17. 在两种金属离子 M、N 共存时,若 $\Delta \lg K \geqslant 5$,则 N 离子就不干扰 M 离子的测定。

18. Al^{3+} 和 Fe^{3+} 共存时,可通过控制溶液 pH 先测 Fe^{3+},然后提高 pH 用 EDTA 直接测 Al^{3+}。

19. 用 EDTA 滴定金属离子到达终点时,溶液呈现的颜色是 MY 离子的颜色。

20. 用 EDTA 滴定法测定 Ca^{2+}、Mg^{2+} 离子中的 Ca^{2+} 时,Mg^{2+} 的干扰可用沉淀掩蔽法消除。

21. 在 $pH \approx 10$,用 EDTA 滴定 Ca^{2+}、Al^{3+} 中的 Ca^{2+} 时,可用 NH_4F 较为理想地掩蔽 Al^{3+}。

22. 溶液的酸度越小,EDTA 与金属离子越容易配位。

23. 为避免 EDTA 滴定终点拖后现象的发生,金属指示剂应具有良好的变色可逆性。

24. 高锰酸钾是两性物质,既具有氧化性,又具有还原性。

25. 过氧化氢的氧化性来自分子结构中的过氧键,还原性来自分子中的氢。

26. 高锰酸钾可以直接配制成标准溶液。

27. 可利用过氧化氢的还原性来标定高锰酸钾标准溶液的浓度。

28. 为了加快草酸钠与高锰酸钾的反应速度,应将其煮沸后进行滴定。

29. 在 COD 的测定中,过量的高锰酸钾可用草酸钠标准溶液回滴以确定过量多少。

30. Cl^- 对高锰酸钾氧化反应具有催化作用。

31. 高锰酸钾在加热条件下可将水样中的有机物全部氧化。

32. 高锰酸钾溶液浓度可以采用草酸钠标准溶液来标定。

33. 高锰酸钾法测定水中的 COD 时,COD_{Mn} 的单位为每升水样消耗的高锰酸钾的质量。

34. 溴酸钾溶液与苯酚在酸性溶液中生成三溴苯酚沉淀。

35. 在溴酸钾法测定苯酚时,以 $KBrO_3$-KBr 标准溶液标定 $Na_2S_2O_3$ 比较合适。

36. 在溴酸钾法测定苯酚时,所加 KI 溶液应用移液管准确加入并记录用量。

37. 在溴酸钾法测定苯酚时,滴定前加入氯仿的目的是萃取剩余的溴。

38. $KBrO_3$-KBr 标准溶液可以采用直接配制法。

39. $Na_2S_2O_3$ 标准溶液不能用直接法配制。

40. 碘量法测定铜含量时,Fe^{3+} 对铜含量测定的影响是其本身的颜色干扰终点颜色的观察。

41. 在用 $K_2Cr_2O_7$ 标准溶液标定 $Na_2S_2O_3$ 时,KI 只需用台秤称取即可。

42. 在用 $K_2Cr_2O_7$ 标准溶液标定 $Na_2S_2O_3$ 时,终点颜色为蓝色变为无色。

43. 在弱酸性溶液中,Cu^{2+} 与单质 I_2 反应生成 CuI 沉淀。

44. 用 $Na_2S_2O_3$ 标准溶液可以直接滴定硫化钠的还原能力。

45. $Na_2S_2O_3$ 可以被单质 I_2 还原成 $Na_2S_4O_6$。

46. 淀粉指示剂吸附单质 I_2,故应在滴定接近终点时加入。

47. 硫化钠总还原能力的测定中,用 $Na_2S_2O_3$ 测出的是硫化钠试样中硫化钠的百分含量。

48. 碘溶液应该放在碱式滴定管中滴定。

49. 单质碘在酸性溶液中发生歧化反应。

50. 碘量法中的酸性介质为 H_2SO_4,碱性介质为 NaOH。

51. 用 $Na_2S_2O_3$ 滴定碘溶液时,滴定前加入淀粉指示剂,终点颜色为蓝色变为无色。

52. $NaIO_3$ 在碱性介质中会和 NaI 反应生成单质碘。

53. 莫尔法中使用的指示剂是重铬酸钾。

54. 莫尔法适用的介质条件是中性或弱酸性。

55. 莫尔法测定氯化物中氯含量时,若试样中存在 Pb^{2+},则会使终点滞后。

56. 硝酸盐标准溶液可采用直接法配制。

57. 莫尔法中,实验完毕后应首先用蒸馏水冲洗滴定管,再用自来水洗涤两三次。

58.佛尔哈德法中使用的指示剂是重铬酸钾。

59.佛尔哈德法适用的介质条件是酸性,可用硫酸作介质。

60.沉淀滴定中,为减少沉淀对被测离子的吸附,一般滴定的体积大些为好。

61.可用佛尔哈德法直接滴定银离子。

62.佛尔哈德法滴定终点溶液应为血红色稳定不变。

63.只要规格相同,不同的比色皿可以一同用于测量标准溶液的吸光度。

64.比色皿应该手持光面,使毛面对准光路。

65.朗伯-比尔定律描述的是有色稀溶液的吸光度与溶液浓度的关系。

66.可见光分光光度计能够提供200～1000nm的波长。

67.比色皿外部若没有擦干而挂有水珠,会使吸光度变小。

二、选择题

1.1∶1(体积比)盐酸的浓度是( )。

A.2mol·L^{-1} B.4mol·L^{-1} C.6mol·L^{-1} D.8mol·L^{-1}

2.对口小、管细的玻璃仪器,可用( )清洗。

A.自来水 B.蒸馏水 C.去污粉 D.洗液

3.对带有刻度的计量仪器,干燥方法是( )。

A.加有机溶剂 B.烘干 C.烤干 D.吹干

4.下列关于减量法称量的叙述,错误的是( )。

A.一般使用称量瓶称出试样

B.用手捏紧称量瓶盖,轻轻敲打瓶上部倾倒试样

C.必须预先称出盛放试样的小烧杯的质量

D.称量瓶不能用手直接拿取,而要用干净的纸条套在称量瓶上夹取

5.减量法最适于称量下列( )试样。

A.会腐蚀天平盘的药品

B.粉末状试样

C.剧毒药品

D.易吸水、易被氧化、易与CO_2作用的试样

6.用分析天平称量时,若被称量物品的温度高于室温,则所称质量比实际质量( )。

A.重 B.轻 C.无影响 D.无法判断

7.玻璃砂芯漏斗不适用于下列( )溶液的过滤。

A.有毒性 B.强酸性 C.强碱性 D.强氧化性

8.使用移液管时,当吸取液体上升到刻度线以上时,迅速用( )堵住管口。

A.食指 B.拇指

C.中指 D.以上任何一个均可

9.在容量分析中,移取试液的移液管及滴定用的锥形瓶用蒸馏水洗净后,应在( )情况下使用。

A. 都应在烘干后使用   B. 都应用试液荡洗几次后使用

C. 锥形瓶再用试液荡洗后使用   D. 移液管再用试液荡洗几次后使用

10. 滴定管不能用(   )物质洗涤。

A. 肥皂水   B. 去污粉   C. 洗洁精   D. 洗液

11. 下列操作错误的是(   )。

A. 滴定管装满溶液或放出溶液后,必须等1～2min才能读数

B. 移液管顺容器壁放完溶液后,约等15s方可取出移液管

C. 滴定终点颜色突变后,若颜色半分钟内发生改变也无须再滴

D. 用容量瓶配制溶液时,慢慢加蒸馏水至接近标线1cm处,等1～2min后再加水至标线

12. 使用碱式滴定管滴定的正确操作方法是(   )。

A. 左手捏在稍高于玻璃球的近旁   B. 右手捏在稍高于玻璃球的近旁

C. 左手捏在稍低于玻璃球的近旁   D. 右手捏在稍低于玻璃球的近旁

13. 用移液管移取溶液后,要调节液面高度到标线时,(   )。

A. 移液管管口应浸在液面下   B. 移液管应悬空在液面上

C. 移液管管口应紧贴容器内壁   D. 移液管应置于水池上方悬空

14. 欲取50mL某溶液进行滴定,要求量取的相对误差<0.1%,在下列量器中应选用(   )。

A. 50mL 滴定管   B. 50mL 容量瓶   C. 50mL 量筒   D. 50mL 移液管

15. 下列属于偶然误差的是(   )。

A. 滴定管读数是 24.50mL,而实际读数是 25.50mL

B. 分析天平零点稍有变化

C. 称量试样时使用了一个已磨损的砝码

D. 称量 NaOH 时吸收了空气中的 CO_2

16. 在选择指示剂时,不需要考虑下面的(   )因素,要考虑下面的(   )因素。

A. 终点时的 pH 值   B. 指示剂的 pH 值变化范围

C. 滴定方向   D. 指示剂的用量

17. 在分析天平上,用减量法称取 0.9637g 草酸固体,溶解后转移到 200mL 容量瓶中,平行量取 25.00mL 草酸溶液 3 份,分别用 0.1001mol·L^{-1} NaOH 溶液滴定至终点,滴定管读数分别为 19.20mL、19.18mL 和 19.22mL,则草酸的摩尔质量为(   )g·mol^{-1}。

A. 62.68   B. 90.02   C. 125.4   D. 126.1

18. 在分析天平上用减量法称得 3 份基准物质邻苯二甲酸氢钾(相对分子质量为 204.2),质量分别为 0.5162g、0.4879g 和 0.5031g,溶解后各加入 2 滴酚酞指示剂,然后用 NaOH 溶液滴定至微红色,滴定管的读数分别为 24.75mL、23.38mL 和 24.08mL,则 NaOH 溶液的浓度为(   )mol·L^{-1}。

A. 0.1021   B. 0.1022   C. 0.1023   D. 0.1024

实验结果的相对平均偏差为(   )。

A. 0.05%   B. 0.06%   C. 0.07%   D. 0.08%

19. 用 HCl 溶液滴定 25.00mL 浓度为 0.1015mol·L^{-1} 的 NaOH 溶液,平行滴定 3 份,消耗的体积分别为 24.86mL、24.84mL 和 24.88mL,则 HCl 溶液的浓度为( )mol·L^{-1}。

A. 0.1020   B. 0.1021   C. 0.1022   D. 0.1023

实验结果的相对平均偏差为( )。

A. 0.06%   B. 0.07%   C. 0.08%   D. 0.09%

20. 在甲醛法测定化肥硫酸铵中含氮量的实验中,若已知含氮(相对原子质量为 14.01)量为 17.25%,用减量法称取试样 1.4458g,溶解后转移至 200mL 容量瓶中,平行移取 3 份 25.00mL 溶液,分别用 0.1021mol·L^{-1} NaOH 溶液滴定至终点,则滴定管平均读数为( )mL。

A. 20.79   B. 21.79   C. 22.79   D. 21.54

21. 在甲醛法测定化肥硫酸铵中含氮量的实验中,用减量法称取试样 1.3458g,溶解后转移至 200mL 容量瓶中,平行移取 3 份 25.00mL 溶液,分别用 0.1021mol·L^{-1} NaOH 溶液滴定至终点,滴定管读数为 21.30mL、21.28mL 和 21.32mL,试样中氮含量为( )。

A. 18.11%   B. 19.11%   C. 20.11%   D. 21.11%

22. 在甲醛法测含氮量实验中,市售甲醛中常含有微量酸,应事先中和,此过程中需用的指示剂是( )。

A. 甲基橙   B. 酚酞   C. 甲基红   D. 铬黑 T

23. 甲醛常以白色聚合状态存在,要使之解聚可加入少量的( )。

A. 浓盐酸   B. 浓 NaOH 溶液   C. 浓硫酸   D. 双氧水

24. 能用甲醛法测总氮量的物质是( )。

A. $(NH_4)_2SO_4$ B. NH_4NO_3 C. NH_4Cl D. NH_4HCO_3

25. 酸碱滴定中选择指示剂的原则是( )。

A. $K_a = K_{HIn}$

B. 指示剂的变色范围与理论终点完全相符

C. 指示剂的变色范围全部或部分落入滴定的 pH 突跃范围之内

D. 指示剂的变色范围应完全落在滴定的 pH 突跃范围之内

E. 指示剂应在 pH=7.00 时变色

26. 若某酸碱滴定实验中 pH 突跃范围为 7.0~9.0,则最适宜的指示剂为( )。

A. 甲基红(4.4~6.2)   B. 酚酞(8.0~9.6)

C. 溴百里酚蓝(6.2~7.6)   D. 甲酚红(7.2~8.8)

27. 滴定分析中,一般利用指示剂颜色的突变来判断反应物恰好按化学计量关系完全反应而停止滴定,这一点称为( )。

A. 滴定终点   B. 等计量点   C. 化学计量点   D. 反应终点

28. 某碱样为 NaOH 和 Na_2CO_3 混合溶液,用 HCl 标准溶液滴定,先以酚酞作指示剂,耗去 HCl 标准溶液 V_1mL,继以甲基红为指示剂,又耗去 HCl 标准溶液 V_2mL,则 V_1 与 V_2 的关系是( )。

A. $V_1 = V_2$ B. $V_1 = 2V_2$ C. $V_1 < V_2$ D. $V_1 > V_2$

29. 某碱样以酚酞作指示剂,用 HCl 标准溶液滴定到终点时耗去 V_1 mL,继以甲基橙作指示剂,又耗去 HCl 标准溶液 V_2 mL,若 $V_2 < V_1$,则该碱样是(　　)。

A. Na_2CO_3 B. $Na_2CO_3 + NaHCO_3$

C. $NaHCO_3$ D. $NaOH + Na_2CO_3$

30. 用同浓度的 NaOH 溶液分别滴定同体积的 $H_2C_2O_4$ 和 HCl 溶液,消耗相同体积的 NaOH 溶液,说明(　　)。

A. 两种酸的浓度相同

B. 两种酸的解离度相同

C. HCl 溶液的浓度是 $H_2C_2O_4$ 溶液浓度的两倍

D. 两种酸的化学计量点相同

31. NaOH 溶液因保存不当而吸收了空气中的 CO_2,用邻苯二甲酸氢钾为基准物质标定浓度后,用于测定 HAc。测定结果将(　　)。

A. 偏高   B. 偏低   C. 无影响   D. 不确定

32. 用 25mL 移液管移出的溶液体积应记录为(　　)。

A. 25mL   B. 25.0mL   C. 25.00mL   D. 25.000mL

33. 用 $0.2000 mol \cdot L^{-1}$ NaOH 溶液滴定 $0.2000 mol \cdot L^{-1}$ HCl 溶液,其 pH 突跃范围是(　　)。

A. 2.0~6.0   B. 4.0~8.0   C. 4.0~10.0   D. 8.0~10.0

34. 下列 $0.1 mol \cdot L^{-1}$ 酸或碱,能借助指示剂指示终点而直接准确滴定的是(　　)。

A. HCOOH   B. H_3BO_3 C. NH_4Cl D. NaAc

35. 下列物质中,不能用强碱标准溶液直接滴定的是(　　)。

A. 盐酸苯胺 $C_6H_5NH_2 \cdot HCl$($C_6H_5NH_2$ 的 $K_b = 4.6 \times 10^{-10}$)

B. $(NH_4)_2SO_4$($NH_3 \cdot H_2O$ 的 $K_b = 1.8 \times 10^{-5}$)

C. 邻苯二甲酸氢钾(邻苯二甲酸的 $K_{a_2} = 2.9 \times 10^{-6}$)

D. 乙酸($K_a = 1.8 \times 10^{-5}$)

36. 在以邻苯二甲酸氢钾标定 NaOH 溶液浓度时,有如下四种记录,正确的是(　　)。

	A	B	C	D
滴定管终读数/mL	49.10	24.08	39.05	24.10
滴定管初读数/mL	25.00	0.00	15.02	0.05
$V(NaOH)$/mL	24.10	24.08	24.03	24.05

37. 水的硬度测定实验中,主要是测(　　)的含量。

A. Ca   B. Ca 和 Fe   C. Fe 和 Cu   D. Ca 和 Mg

38. 用 EDTA 标准溶液标定 Zn^{2+} 溶液时,在 pH<6 以二甲酚橙作指示剂,终点现象是(　　)。

A. 由紫红色变为亮黄色   B. 由橙色变为亮黄色

C. 由红色变为蓝色　　　　　　　　　　D. 由亮黄色变为红色

39. 在测水的硬度实验中,掩蔽 Cu^{2+}、Co^{2+} 的试剂是(　　)。

A. Na_2S　　　　　B. 三乙醇胺　　　　　C. 甘露醇　　　　　D. 甘油

40. 在测水的硬度实验中,掩蔽 Fe^{3+}、Al^{3+} 的试剂是(　　)。

A. Na_2S　　　　　B. 三乙醇胺　　　　　C. 甘露醇　　　　　D. 甘油

41. 以 $NH_3 \cdot H_2O$-NH_4Cl 为缓冲溶液,三乙醇胺、Na_2S 作掩蔽剂,用 EDTA 标准溶液滴定自来水,在以铬黑 T 作指示剂的条件下,终点现象是(　　)。

A. 由蓝色变橙色　　　　　　　　　　B. 由红色变橙色

C. 由红色变蓝色　　　　　　　　　　D. 由橙色变红色

42. Bi^{3+}、Pb^{2+} 均能与 EDTA 形成稳定的 1∶1 配合物,但两者稳定常数差别较大,若要分别滴定,可采用(　　)。

A. 先掩蔽,再滴定　　　　　　　　　　B. 控制酸度

C. 加缓冲溶液　　　　　　　　　　　　D. 先沉淀,再滴定

43. 已知 $\lg K_{BiY^-} = 27.9$,$\lg K_{PbY^{2-}} = 18.0$,通过控制酸度法用 EDTA 分别滴定 Bi^{3+}、Pb^{2+},在 pH=5～6 时滴定(　　)。

A. Bi^{3+}　　　　　B. Pb^{2+}　　　　　C. 不能确定　　　　　D. 两者总量

44. 连续滴定 Pb^{2+}、Bi^{3+} 混合液的实验中,溶解 $Pb(NO_3)_2$、$Bi(NO_3)_3$ 固体时选用稀硝酸而不用水的原因是(　　)。

A. 有利于合金充分溶解　　　　　　　　B. 有利于 EDTA 形成稳定的配合物

C. 有利于控制酸度,分步滴定　　　　　D. 使测量结果更准确

45. 连续滴定 Pb^{2+}、Bi^{3+} 混合溶液的实验中,在由 pH=1 调节到 pH=5～6 的过程中,应选用(　　)。

A. 氨　　　　　B. 碱　　　　　C. NH_4Cl　　　　　D. 六次甲基四胺

46. 在使用二甲酚橙作指示剂时,应控制溶液的酸碱性保持在(　　)条件下。

A. 弱酸性　　　　　B. pH≤6　　　　　C. 中性　　　　　D. 碱性

47. 胃舒平药片中的主要成分是(　　)。

A. 氢氧化锌、三硅酸镁　　　　　　　　B. 氢氧化铝、三硅酸锌

C. 氢氧化铁、三硅酸锌　　　　　　　　D. 氢氧化铝、三硅酸镁

48. 在测定胃舒平药片中铝、镁含量的实验中,在沉淀分离铝之后的试液中测镁时,加入三乙醇胺溶液的目的是(　　)。

A. 调 pH 值　　　　　　　　　　　　　B. 掩蔽未沉淀完全的 Al^{3+}

C. 有利于返滴定的进行　　　　　　　　D. 有利于终点颜色观察

49. 在测定胃舒平药片中铝、镁含量的实验中,(　　)。

A. Al、Mg 均采用锌标准溶液返滴定

B. Al、Mg 均采用 EDTA 标准溶液直接滴定

C. Al 用锌标准溶液返滴定,Mg 用 EDTA 标准溶液直接滴定

D. Al 用锌标准溶液置换滴定,Mg 用 EDTA 标准溶液直接滴定

50. 在胃舒平试液中加入过量 EDTA,调 pH 为 5～6,以二甲酚橙作指示剂,用锌标

准溶液返滴定测 Al 含量时,终点现象是(　　　)。

    A. 由黄色突变为红色   B. 由红色突变为黄色

    C. 由红色突变为蓝色   D. 由蓝色突变为红色

51. 下列实验中,测定方法不是配位滴定法的是(　　　)。

    A. 天然水总硬度的测定   B. Bi、Pb 混合溶液的连续滴定

    C. 胃舒平药片中铝和镁含量的测定   D. 矿石中铁含量的测定

52. 标定 EDTA 时所用的基准物质 $CaCO_3$ 中含有微量 Na_2CO_3,则标定结果将(　　　)。

    A. 偏低   B. 偏高   C. 无影响   D. 无法确定

53. EDTA 直接法进行配位滴定时,终点所呈现的颜色是(　　　)。

    A. 金属指示剂-被测金属配合物的颜色   B. 游离的金属指示剂的颜色

    C. EDTA-被测金属配合物的颜色   D. 上述 A 与 C 的混合色

54. 配位滴定时,选用指示剂应使 K_{MIn} 适当小于 K_{MY},若 K_{MY} 过小,则会使指示剂(　　　)。

    A. 变色过晚   B. 变色过早   C. 不变色   D. 无影响

55. EDTA 滴定中,选择金属指示剂应符合的条件有(　　　)。

    A. 在任何 pH 下,指示剂的游离色(In)要与配合色(MIn)不同

    B. MIn 应易溶于水

    C. $K_{MY} > K_{MIn}$

    D. 滴定的 pH 与指示剂的 pH 相同

56. 已知 $\lg K_{BiY^-} = 27.9$,$\lg K_{PbY^{2-}} = 18.0$,通过控制酸度法用 EDTA 分别滴定 Bi^{3+}、Pb^{2+},在 pH=1 时滴定(　　　)。

    A. Bi^{3+} B. Pb^{2+} C. 不能确定   D. 两者总量

57. 为了测定水中 Ca^{2+}、Mg^{2+} 的含量,以下消除少量 Fe^{3+}、Al^{3+} 干扰的方法中,正确的是(　　　)。

    A. 于 pH=10 的氨性溶液中直接加入三乙醇胺

    B. 于酸性溶液中加入 KCN,然后调至 pH=10

    C. 于酸性溶液中加入三乙醇胺,然后调至 pH=10 的氨性溶液

    D. 加入三乙醇胺时,不需要考虑溶液的酸碱性

58. 用 EDTA 测定 Zn^{2+}、Al^{3+} 混合溶液中的 Zn^{2+},为了消除 Al^{3+} 的干扰可采用的方法是(　　　)。

    A. 加入 NH_4F,配位掩蔽 Al^{3+} B. 加入 NaOH,将 Al^{3+} 沉淀除去

    C. 加入三乙醇胺,配位掩蔽 Al^{3+} D. 控制溶液的酸碱度

59. 在做分光光度测定时,有下列几个操作步骤:①旋转光量调节器;②将参比溶液置于光路中;③调至 $T=0$;④将被测溶液置于光路中;⑤调节零点调节器;⑥测量 A 值;⑦调节 $A=0$。其合理顺序是(　　　)。

    A. ②①③⑤⑦④⑥   B. ②①⑦⑤③④⑥

    C. ⑤③②①⑦④⑥   D. ⑤⑦②①③④⑥

60. 在测定二草酸合铜（Ⅱ）酸钾组成时,用（   ）测定铜含量。

A. 重量分析法   B. EDTA 配位滴定法   C. 高锰酸钾法   D. 碘量法

61. 高锰酸钾在（   ）溶液中氧化能力最强。

A. 酸性   B. 碱性   C. 中性   D. 两性

62. 在高锰酸钾与过氧化氢的反应中,充当催化剂的是（   ）。

A. 高锰酸钾   B. 双氧水   C. 二价锰离子   D. 草酸钠

63. 用高锰酸钾滴定过氧化氢含量,可以用（   ）充当实验介质。

A. 盐酸   B. 硫酸   C. 硝酸   D. 醋酸

64. 用高锰酸钾滴定过氧化氢实验中,应遵循（   ）的滴定方式。

A. 快—慢—快   B. 慢—快—快   C. 慢—快—慢   D. 快—快—慢

65. 高锰酸钾法测定 COD 的终点颜色变化为（   ）。

A. 无色—紫红色   B. 紫红色—无色   C. 无色—微红色   D. 微红色—无色

66. 当水样中 Cl^- 含量较高时,可在（   ）溶液中用高锰酸钾进行氧化。

A. 酸性   B. 碱性   C. 中性   D. 两性

67. 高锰酸钾与草酸钠滴定反应中,充当催化剂的是（   ）。

A. 高锰酸钾   B. 亚铁离子   C. 二价锰离子   D. 草酸钠

68. 高锰酸钾法测定 COD 时,应采用（   ）为介质。

A. 盐酸   B. 硫酸   C. 硝酸   D. 醋酸

69. 化学需氧量（COD）的测定（酸性高锰酸钾法）中,（   ）代表了蒸馏水中还原性物质对测定的影响。

A. V_1 B. V_2 C. V_3 D. V_4

70. 在测定二草酸合铜（Ⅱ）酸钾组成时,用（   ）测定草酸根含量。

A. 重量分析法   B. EDTA 配位滴定法

C. 高锰酸钾法   D. 酸碱滴定法

71. 下列说法不符合朗伯-比尔定律的是（   ）。

A. 有色溶液对光的吸收程度与光的波长成正比

B. 有色溶液对光的吸收程度与溶液的浓度成正比

C. 有色溶液对光的吸收程度与光穿过的液层厚度成正比

D. 有色溶液对光的吸收程度与消光系数成正比

72. 用 $K_2Cr_2O_7$ 标准溶液滴定 Fe^{2+} 测铁矿石中铁含量的实验中,所用的指示剂为（   ）。

A. 酚酞   B. 二甲酚橙   C. 铬黑 T   D. 二苯胺磺酸钠

73. 用 $K_2Cr_2O_7$ 标准溶液滴定 Fe^{2+} 测铁矿石中铁含量的实验中,加入磷酸的目的中不包括（   ）。

A. 作沉淀剂   B. 消除 Fe^{3+} 颜色的干扰

C. 降低 Fe^{3+}/Fe^{2+} 电对的电极电位   D. 使化学计量点电位突跃增大

74. 采用无汞定铁法的铁矿石试样溶液制备过程中,采用（   ）去除过量的还原剂。

A. $SnCl_2$ B. $HgCl_2$

C. 甲基橙 D. 二苯胺磺酸钠

75. 采用无汞定铁法测定铁含量时,采用(   )作为氧化还原滴定反应的介质。

A. HCl B. H_2SO_4 C. H_2SO_4-H_3PO_4 D. H_3PO_4-HCl

76. 在无汞测铁实验中,最好的还原剂是(   )。

A. $SnCl_2$ B. $TiCl_3$ C. $SnCl_2$-$TiCl_3$ D. $FeCl_2$

77. 用 $K_2Cr_2O_7$ 标准溶液滴定铁矿石试样中的铁含量,终点颜色变化是(   )。

A. 无色～绿色～紫色 B. 无色～黄色～紫色

C. 黄色～绿色～紫色 D. 紫色～绿色～黄色

78. 若在滴定过程中没有加入磷酸(不考虑 Fe^{3+} 颜色的影响),终点时 $K_2Cr_2O_7$ 标准溶液消耗量比化学计量点所需用量(   )。

A. 多 B. 少 C. 相同 D. 不一定

79. 在萃取过程中,静置分层后,两相交界处常出现一层乳浊液,下列(   )操作能促使乳浊液的生成。

A. 加剧振荡 B. 增大萃取剂用量

C. 加入电解质 D. 改变溶液酸碱度

80. 以下能用直接法配制标准溶液的是(   )。

A. NaOH B. $KMnO_4$ C. $K_2Cr_2O_7$ D. HNO_3

81. 在直接碘量法中,淀粉指示剂在(   )加入。

A. 滴定开始时 B. 滴定至1/3时 C. 滴定至1/2时 D. 滴定至终点前

82. 碘量法中为防止空气氧化 I^-,下列叙述中错误的是(   )。

A. 避免阳光直射 B. 滴定速度适当快些

C. I_2 完全析出后立即滴定 D. 碱性条件下反应

83. 碘量法中对葡萄糖进行氧化的是(   )。

A. I_2 B. NaIO C. $NaIO_3$ D. $Na_2S_2O_3$

84. I^- 在(   )溶液中,易被空气中的氧氧化。

A. 酸性 B. 中性 C. 碱性 D. 两性

85. 碘量法测定葡萄糖含量时,KI的作用是(   )。

A. 增大 I_2 的溶解度 B. 转化成 NaI 参与反应

C. 作为反应介质 D. 作为滴定指示剂

86. 葡萄糖和碘之间反应计量比为(   )。

A. 1∶1 B. 1∶2 C. 1∶3 D. 1∶4

87. 若碘和葡萄糖反应过程中加碱过快,会使测定结果(   )。

A. 偏低 B. 偏高 C. 无影响 D. 不确定

88. 在用2,6-二氯酚靛酚测定维生素C实验中为防止氧化维生素C,下列叙述中错误的是(   )。

A. 避免阳光直射 B. 滴定速度适当快些

C. 用铜容器盛装溶液 D. 在碱性条件下反应

89. $Na_2S_2O_3$ 溶液不可以用(   )标定。

A. $K_2Cr_2O_7$　　　　　　　　　　B. 纯铜

C. $KBrO_3$-KBr 标准溶液　　　　　D. 双氧水

90. 溴酸钾法测定苯酚,淀粉指示剂应在(　　)加入。

A. 滴定开始时　　　　　　　　　　B. 滴定中期

C. 溶液呈浅黄色时　　　　　　　　D. 任何时候都可以

91. 加入氯仿后,氯仿层应是(　　)。

A. 紫色　　　　B. 黄色　　　　C. 棕色　　　　D. 蓝色

92. 溴酸钾法测定苯酚,下列试剂中无须准确添加并记录体积的是(　　)。

A. $KBrO_3$-KBr 标准溶液　　　　B. KI 溶液

C. 苯酚试样溶液　　　　　　　　　D. $Na_2S_2O_3$ 溶液

93. 溴酸钾法测定苯酚,$KBrO_3$ 与 $Na_2S_2O_3$ 之间的化学计量比是(　　)。

A. 1∶6　　　　B. 1∶3　　　　C. 3∶1　　　　D. 5∶1

94. 以下不可标定 $Na_2S_2O_3$ 标准溶液的物质是(　　)。

A. $K_2Cr_2O_7$　　B. $KBrO_3$　　C. KIO_3　　D. $KMnO_4$

95. 碘量法测定铜合金中的铜,NH_4SCN 的作用是(　　)。

A. CuI 的溶解度变小　　　　　　　B. 使 CuI 转变为溶解度更小的 CuSCN

C. 掩蔽溶液中的 Fe^{3+}　　　　　D 作为滴定指示剂

96. 碘量法测定铜合金中的铜,铜合金可用(　　)来分解。

A. H_2O_2　　B. HCl-H_2O_2　　C. HNO_3　　D. HNO_3-H_2O_2

97. 用 $Na_2S_2O_3$ 滴定铜试样,若试样酸度过高,会使铜含量的测定结果(　　)。

A. 偏低　　　B. 偏高　　　C. 无影响　　　D. 不能确定

98. 铜矿中含有的 As、Sb 杂质对测定有干扰,可采取(　　)方法消除。

A. 加掩蔽剂　　B. 加沉淀剂　　C. 加氧化剂　　D. 调 pH>3.5

99. 碘量法测铜合金中铜含量的实验中,I^- 的作用不包括(　　)。

A. 还原剂　　B. 催化剂　　C. 沉淀剂　　D. 配合剂

100. 配制 $Na_2S_2O_3$ 标准溶液要用新煮沸冷却的蒸馏水的原因是(　　)。

A. 除去蒸馏水中含有的少量杂质离子　B. 赶气体

C. 提高溶解度　　　　　　　　　　D. 防止溶液见光分解

101. 配制 $Na_2S_2O_3$ 标准溶液时加入 Na_2CO_3 的作用是(　　)。

A. 除 CO_2　　　　　　　　　　　B. 除氧

C. 吸收溶液分解生成的 S　　　　　D. 调 pH,抑制细菌生长

102. 下列(　　)不是碘量法测 Cu 含量的主要误差来源。

A. KI 溶液过量　　　　　　　　　B. 溶液酸碱度的控制

C. 碘的挥发　　　　　　　　　　　D. 空气中的 O_2 氧化 I^-

103. 铜矿中含有的 Fe 对铜的测定有干扰,可用(　　)加以掩蔽。

A. 三乙醇胺　　B. Na_2S　　C. F^-　　D. 乙醇

104. 硫化钠试样中不具有还原能力的成分有(　　)。

A. Na_2S　　B. $Na_2S_2O_3$　　C. Na_2SO_3　　D. Na_2SO_4

105. $Na_2S_2O_3$ 与单质 I_2 的定量滴定反应应在（   ）条件下进行。

A. 酸性   B. 中性   C. 碱性   D. 以上都可以

106. S^{2-} 与单质 I_2 在酸性溶液中的氧化还原反应计量比为（   ）。

A. 1 : 2   B. 2 : 1   C. 1 : 1   D 3 : 1

107. $S_2O_3^{2-}$ 与单质 I_2 在酸性溶液中的氧化还原反应计量比为（   ）。

A. 1 : 2   B. 2 : 1   C 1 : 1   D. 3 : 1

108. 用 $Na_2S_2O_3$ 测定 Na_2S 试样总还原能力时,用到的指示剂是（   ）。

A. 淀粉   B. I_2 C. 甲基橙   D. 淀粉-I_2

109. 莫尔法中的指示剂是（   ）。

A. 铬酸钾   B. 重铬酸钾   C. 硝酸银   D. 淀粉

110. 若在强酸性介质中以硝酸银滴定含 Cl^- 试样,则终点会发生（   ）。

A. 提前   B. 滞后   C. 无影响   D. 指示剂封闭

111. 在滴定接近终点时,由于 $AgCl$ 吸附 Cl^-,因此应采取（   ）措施。

A. 补加指示剂   B 加热

C. 剧烈摇动   D. 不需采用任何措施

112. 莫尔法不可以测以下（   ）离子。

A. Cl^- B. Br^- C. I^- D. CN^-

113. 莫尔法测 Cl^- 含量的实验中,滴定到达终点的现象是出现（   ）沉淀。

A. 砖红色   B. 白色   C. 淡黄色   D. 紫黑色

114. 法扬司法测 Cl^- 含量的实验中的指示剂是（   ）。

A. 荧光黄   B. K_2CrO_4 C. NH_4SCN D. 铁铵矾

115. 莫尔法测 Cl^- 含量的实验中,指示剂 K_2CrO_4 不可加得过多,原因是（   ）。

A. 消耗过多的 Ag^+ B. 影响 Ag_2CrO_4 沉淀颜色的观察

C. 使滴定终点提前到达   D. 提高了溶液的氧化性

116. 莫尔法实验中,若溶液中有铵盐存在,需在近中性条件下滴定的原因是（   ）。

A. 防止 Ag_2O 沉淀的生成   B. 防止铬酸的生成

C. 防止银氨配合物的生成   D. 防止铬酸铵的生成

117. 莫尔法实验必须在中性或弱碱性溶液中进行,若有铵盐存在,溶液的 pH 值必须控制在（   ）范围之内。

A. 3.2～7.2   B. 6.5～10.5   C. 7.2～8.4   D. 6.5～7.2

118. 佛尔哈德法测 Cl^- 含量实验中,下列不能阻止 $AgCl$ 转化为 $AgSCN$ 的措施是（   ）。

A. 少加 NH_4SCN B. 加入 $AgNO_3$ 标准溶液后,煮沸溶液

C. 加石油醚   D. 加硝基苯

119. 佛尔哈德法中的指示剂是（   ）。

A. 硫氰酸铵   B. 铬酸钾   C. 铁铵矾   D. 淀粉

120. 佛尔哈德法测 Cl^- 含量实验中,若试样中含有少量 $NaBr$ 和 NaI,会使滴定结果（   ）。

A. 偏大　　　　　　B. 偏小　　　　　　C. 无影响　　　　　　D. 不确定

121. 佛尔哈德法测 Cl^- 含量的实验中,若不加入硝基苯或石油醚,终点会发生（　　）。

A. AgCl 向 AgSCN 转变　　　　　　B. AgSCN 向 AgCl 转变

C. 无影响　　　　　　D 指示剂封闭

122. 佛尔哈德法测 Ag^+ 含量实验中,在滴定接近终点时,应采取（　　）措施。

A. 补加指示剂　　　　　　B. 加热

C. 剧烈摇动　　　　　　D. 不需采取任何措施

123. 佛尔哈德法可以直接测定以下（　　）离子。

A. Cl^-　　　　　　B. Br^-　　　　　　C. I^-　　　　　　D. Ag^+

124. 下列各条件中,（　　）是晶形沉淀所要求的沉淀条件。

A. 沉淀作用宜在较浓溶液中进行　　　　　　B. 应在不断搅拌下加入沉淀剂

C. 沉淀作用宜在冷溶液中进行　　　　　　D. 沉淀剂不应具有挥发性

125. 下列条件中,（　　）不是沉淀重量分析法对待测组分称量形式的要求。

A. 表面积要大　　　　　　B. 摩尔质量要大

C. 化学稳定性要好　　　　　　D. 组成与化学式相符

126. 下列关于陈化作用的叙述不正确的是（　　）。

A. 小晶粒逐渐消失,大晶粒不断长大　　　　　　B. 必定能提高沉淀的纯度

C. 使不完整的晶粒转化为较完整的晶粒　　　　　　D. 使亚稳态的沉淀转化为稳定态的沉淀

127. 共沉淀是影响沉淀纯度的主要因素之一,下列现象不属于共沉淀的是（　　）。

A. 后沉淀　　　　　　B. 生成混晶或固溶体

C. 吸留　　　　　　D. 包夹

128. 沉淀重量法测钡含量的实验中,在洗涤沉淀时,洗涤液最好选用（　　）。

A. 水　　　　　　B. 稀盐酸　　　　　　C. 稀硫酸　　　　　　D. 磷酸

129. $BaSO_4$ 沉淀最容易吸附下列（　　）离子。

A. NO_3^-　　　　　　B. Cu^{2+}　　　　　　C. Cl^-　　　　　　D. SO_4^{2-}

130. 下列（　　）条件不利于颗粒较大的晶形沉淀的生成。

A. 适当浓度的溶液中　　B. 不断搅拌　　　　C. 热溶液中　　　　　　D. 陈化

131. 下列（　　）操作速度有利于颗粒较大的晶形沉淀的形成。

A. 聚集速度快,定向速度快　　　　　　B. 聚集速度慢,定向速度慢

C. 聚集速度快,定向速度慢　　　　　　D. 聚集速度慢,定向速度快

132. 过滤 $BaSO_4$ 沉淀(灼烧温度 800～850℃)适宜的滤器是（　　）。

A. 快速滤纸　　　　　　B. 中速滤纸

C. 慢速滤纸　　　　　　D. 4 号玻璃砂芯漏斗

133. 对于 $BaSO_4$ 沉淀而言,影响其溶解度的主要因素是（　　）。

A. 同离子效应　　　　B. 酸效应　　　　　C. 盐效应　　　　　　D. 配位效应

134. 重量分析中使用的"无灰滤纸"是指每张滤纸的灰分重量（　　）。

A. 小于 0.2mg　　　B. 大于 0.2mg　　　C. 等于 0.2mg　　　D. 小于 0.1mg

135. 以 H_2SO_4 作为 Ba^{2+} 的沉淀剂,其过量的适宜百分数是(　　　)。

A. 10%～20%　　　B. 50%～100%　　　C. 20%～50%　　　D. 100%～200%

136. 以 SO_4^{2-} 沉淀 Ba^{2+} 时,加入适当过量的 SO_4^{2-} 可以使 Ba^{2+} 沉淀更完全,这是利用了(　　　)。

A. 盐效应　　　B. 酸效应　　　C. 配位效应　　　D. 同离子效应

137. 用 $BaSO_4$ 重量法测定钡含量,若结果偏低,则可能的原因是(　　　)。

A. $BaSO_4$ 沉淀不完全　　　　　　B. 沉淀的灼烧时间不足

C. H_2SO_4 在灼烧时挥发　　　　　D. $BaSO_4$ 沉淀中含有 Fe^{3+}

138. 在测定二草酸合铜(Ⅱ)酸钾组成时,用(　　　)测定结晶水。

A. 重量分析法　　　　　　　　　B. EDTA 配位滴定法

C. 高锰酸钾法　　　　　　　　　D. 沉淀滴定法

139. 为下列沉淀的过滤选择适宜的滤器。

A. 快速滤纸　　　　　　　　　　B. 中速滤纸

C. 慢速滤纸　　　　　　　　　　D. 4 号玻璃砂芯漏斗

(1)丁二酮肟镍沉淀(130～150℃) _____

(2)$Al_2O_3 \cdot nH_2O$(灼烧温度约 1200℃) _____

(3)$CaC_2O_4 \cdot H_2O$(灼烧温度约 1000℃) _____

140. 过滤 $Al(OH)_3$、K_2SiF_6 等沉淀时,应选用的适宜滤纸是(　　　)。

A. 快速滤纸　　　B. 中速滤纸　　　C. 慢速滤纸　　　D. 定性滤纸

141. 洗涤无定形沉淀时,洗涤液应选择(　　　)。

A. 冷水　　　B. 热的电解质稀溶液　C. 沉淀剂稀溶液　　　D. 有机溶剂

142. 亚甲基蓝法测定硫化氢含量,显色过程中充当氧化剂的是(　　　)。

A. $KMnO_4$　　　B. K_2CrO_4　　　C. $FeCl_3$　　　D. H_2O_2

143. 制备硫化氢标准溶液时,生成的 SO_2 用(　　　)除去。

A. NaOH　　　　　　　　　　　B. ZnAc

C. H_2O　　　　　　　　　　　D. 不需采取任何措施

144. 气体中硫化氢含量的测定应用(　　　)吸收器来吸收气样。

A. 多孔玻板　　　B. 气泡式　　　C. 气袋　　　D. 吸气瓶

145. 等摩尔系列法测定配合物组成时,吸光度达最大值时说明(　　　)。

A. 配体浓度最大　　　　　　　　B. 金属离子浓度最大

C. 配合物浓度最大　　　　　　　D. 配体与金属离子浓度之比为 1∶1

146. 在 pH=2～9 的溶液中,邻二氮菲与 Fe^{2+} 生成的配合物的颜色是(　　　)。

A. 橘红色　　　B. 粉红色　　　C. 蓝色　　　D. 红色

147. 下列不属于钢中微量钒作用的一项是(　　　)。

A. 脱氧　　　B. 脱碳　　　C. 脱氮　　　D. 改善钢的性能

148. 下列元素的化合物能与钽试剂显色的是(　　　)。

A. Nb　　　B. Ta　　　C. V　　　D. Zr

149. 萃取光度法测钒实验中,下列(　　　)杂质干扰钒的测定。

A. Nb   B. Ta   C. Zr   D. TiO^{2+}

三、填空题

1. 实验室中在分装化学试剂时,见光易分解的试剂应盛放在_____瓶中。

2. 实验室中在分装化学试剂时,一般把固体试剂装在_____瓶中。

3. 实验室中在分装化学试剂时,液体试剂盛放在_____瓶或滴瓶中。

4. 实验室中分析天平的最大荷载为_____g。

5. 酸式滴定管若出现漏液或活塞转动不灵活的现象,则需拆下活塞重涂_____。

6. 用待测溶液滴定标准溶液时,若初读时仰视,至滴定终点时俯视,则所得待测溶液浓度_____(偏高、偏低、不变)。

7. 用标准溶液标定待测溶液时,若溅在锥形瓶壁上的液滴没有用蒸馏水冲下,则所得浓度_____(偏高、偏低、不变)。

8. 用待测溶液滴定标准溶液时,若滴定前管内有气泡,终点时气泡消失,则所得浓度_____(偏高、偏低、不变)。

9. 用标准碱液滴定草酸应选用_____作指示剂。

10. 用标准溶液滴定待测溶液时,若滴定管末端液滴悬而不落,则所得浓度_____(偏高、偏低、不变)。

11. 常用于标定 NaOH 溶液的基准物质有_____和_____。

12. 若用吸收了 CO_2 的 NaOH 标准溶液测定工业盐酸中 HCl 的含量,则分析结果_____(偏高、偏低、不变)。

13. 在测定食用白醋中 HAc 含量时若使用甲基橙指示剂,则会使测定结果_____(偏高、偏低、不变)。

14. 若用失去部分结晶水的草酸晶体配制草酸溶液,用 NaOH 标准溶液标定,求得的草酸摩尔质量_____(偏高、偏低、不变)。

15. 有已除去 CO_3^{2-} 的氢氧化钠标准溶液,因保存不当又吸收了 CO_2,若以它测定盐酸,选甲基橙指示终点,所得的盐酸浓度_____(偏高、偏低、不变)。

16. 用强酸直接滴定弱碱时,要求弱碱的 $c \cdot K_b^{\ominus}$ _____($>$、$<$、$=$)10^{-8}。

17. 标定盐酸溶液常用的基准物质有_____和_____,滴定时应选用在_____性范围内变色的指示剂。

18. 酸碱指示剂变色的 pH 是由_____决定的,选择指示剂的原则是使指示剂的_____处于滴定的_____内,指示剂的_____越接近理论终点 pH 值,结果越_____。

19. 甲醛法测含氮量实验中,中和甲醛试样中的游离酸,选用_____作指示剂。

20. 测含氮量实验中,中和硫酸铵试样中的游离酸选用_____作指示剂。

21. 测定铵盐中的氮含量时,通常用 NaOH 滴定甲醛与铵盐定量反应所生成的酸(H^+)来间接测定,其物质的量的关系为 $n(NaOH) : n(N) = $_____。

22. 酸碱滴定法测定可溶性硅酸盐中的 SiO_2 时,通常用 NaOH 滴定可溶性硅酸盐与

KF 定量反应生成的酸（HF）来间接测定，其物质的量的关系为 $n(NaOH)：n(SiO_2)$ ＝＿＿＿＿。

23. 氟硅酸钾法测硅时，K_2SiF_6 沉淀过多造成结果＿＿＿＿（偏低、偏高、不变），原因是＿＿＿＿。

24. 配位滴定时允许的最低 pH 可利用关系式＿＿＿＿和＿＿＿＿值与 pH 的关系求出。反映 pH 与 lgK_{MY} 关系的线称为＿＿＿＿曲线，利用它可以确定待测金属离子被滴定的＿＿＿＿。

25. 用 EDTA 测定共存金属离子时，要解决的主要问题是＿＿＿＿，常用的消除干扰的方法有控制＿＿＿＿、＿＿＿＿法、＿＿＿＿法和＿＿＿＿法。

26. EDTA 配位滴定中，为了使滴定突跃范围增大，pH 值应较大，但也不能太大，还需要同时考虑到待测金属离子的＿＿＿＿和＿＿＿＿的配位作用，所以在配位滴定时要有一个合适的 pH 范围。

27. 测定 Ca^{2+}、Mg^{2+} 离子共存的硬水中各种组分的含量，其方法是在 pH＝＿＿＿＿，用 EDTA 滴定测得＿＿＿＿。另取同体积硬水加入＿＿＿＿，使 Mg^{2+} 成为＿＿＿＿，再用 EDTA 滴定测得＿＿＿＿。

28. 由于某些金属离子的存在，导致加入过量的 EDTA 滴定剂，指示剂也无法指示终点的现象称为＿＿＿＿。故被滴定溶液中应事先加入＿＿＿＿剂，以克服这些金属离子的干扰。

29. 用 I_2 标准溶液滴定 $Na_2S_2O_3$ 时，终点颜色为＿＿＿＿。

30. I_2 在碱性介质中发生歧化反应生成＿＿＿＿。

31. 葡萄糖和 NaIO 反应生成＿＿＿＿。

32. 用 $Na_2S_2O_3$ 溶液滴定 I_2，淀粉指示剂应在溶液呈＿＿＿＿色时加入。

33. I_2 氧化葡萄糖时，若 NaOH 滴加太快，会使 NaIO 生成＿＿＿＿，从而使测定结果＿＿＿＿。

34. 直接碘量法测定维生素 C 含量时，采用＿＿＿＿作为指示剂，应在＿＿＿＿时加入。

35. 碘量法可用＿＿＿＿和＿＿＿＿两种方式进行。

36. 碘溶液可用＿＿＿＿和＿＿＿＿来标定。

37. 2,6-二氯酚靛酚测定维生素 C 含量时，较多的亚铁离子存在会使测定结果＿＿＿＿（偏高、偏低、不变），应在＿＿＿＿加入＿＿＿＿以消除影响。

38. 维生素 C 标准溶液应储存于＿＿＿＿瓶中，原因是＿＿＿＿。

39. 为了加快高锰酸钾与双氧水的反应速度，可在滴定开始前加入几滴＿＿＿＿。

40. 常用来标定高锰酸钾的基准物质有＿＿＿＿、＿＿＿＿、＿＿＿＿等。

41. 过氧化氢的氧化性和还原性来自其分子中的＿＿＿＿结构。

42. 高锰酸钾在煮沸或保存过程中会生成＿＿＿＿沉淀。

43. 高锰酸钾与双氧水反应中的指示剂是＿＿＿＿，这属于氧化还原指示剂中的＿＿＿＿。

44. 测定水样中化学需氧量（COD）时，若水样中存在 S^{2-}，会使测定结果＿＿＿＿。

45. 测定水样中化学需氧量(COD)时,水样中少量 Cl^- 的存在应用_____消除,大量 Cl^- 的存在应_____。

46. 测定水样中化学需氧量(COD)时,水样加入高锰酸钾后加热溶液红色消退,则应_____。

47. 为了防止草酸钠高温分解,应控制温度在_____并尽快滴定。

48. 铁矿石分解过程中的白色残渣应是_____。

49. 用 $SnCl_2$ 还原铁矿石,应用_____作为还原过程终点的指示剂;用 $K_2Cr_2O_7$ 标准溶液滴定铁矿石试样时,应用_____作为滴定终点的指示剂。

50. 用 $K_2Cr_2O_7$ 标准溶液滴定铁矿石试样过程中,溶液逐渐由无色变为绿色,这是由于_____,终点时溶液突变为紫红色,这是由于_____。

51. 在还原铁矿石试样时,加入一滴 $SnCl_2$ 溶液后试样溶液由红色立刻变为无色,说明还原剂_____,此时,可以补加 1 滴_____,若溶液出现浅粉色,说明已除去过量的还原剂。

52. 溴酸钾法测定苯酚,实际上是利用 $KBrO_3$ 和_____混合标准溶液,在_____条件下生成的_____与苯酚反应,生成_____,剩余的_____用_____溶液置换出等量的单质_____,以_____为指示剂,用_____标准溶液滴定,从而间接求出苯酚试样的含量。

53. 在用 $Na_2S_2O_3$ 标准溶液滴定溶液中的碘时,淀粉指示剂常在接近终点时加入,加入前后溶液的颜色应是_____变为_____,终点颜色变化是_____,这样做的目的是_____。

54. 由于 I_2 易被沉淀吸附,因此在滴定临近终点时应该_____。

55. 苯酚在水中溶解度小,因此加入_____使其转换成溶解度较大的_____。

56. 用 $K_2Cr_2O_7$ 标定 $Na_2S_2O_3$ 溶液时,终点的颜色应是_____。

57. Cu^{2+} 与 I^- 之间的反应是可逆的,任何引起 Cu^{2+} 浓度减小或 CuI 溶解度增大的因素都会使测定结果_____。

58. 用 $Na_2S_2O_3$ 溶液滴定铜试样,临近终点时加入_____可使反应更完全。

59. $Na_2S_2O_3$ 溶液与铜试样反应,若酸度过低,会使最终结果_____,若酸度过高,会使最终结果_____。

60. _____溶液在 $Na_2S_2O_3$ 溶液与铜试样滴定体系中起到缓冲溶液和掩蔽_____的作用。

61. 当有氨存在时,莫尔法的滴定应保持溶液的 pH=_____。

62. 莫尔法不能测定 I^-,原因是_____。

63. 莫尔法测定 Cl^- 含量时,指示剂铬酸钾加入量_____,会使滴定终点提前;在酸性溶液中,指示剂存在_____转变,导致终点滞后。空白溶液可消除终点时_____的过量对测定的影响。

64. 佛尔哈德法应用_____来充当体系酸性介质。

65. 佛尔哈德法测定 Cl^- 含量时,加入硝基苯的原因是_____。

66. 佛尔哈德法中,指示剂铁铵矾加入量_____,会使滴定终点滞后。

67.佛尔哈德法中指示剂起指示作用的是_____离子。

68.定量滤纸按致密程度可分为_____、_____和_____。

69.采用 $BaSO_4$ 重量法测定 Na_2SO_4 纯度,若沉淀中包藏了 Na_2SO_4,则其结果_____(偏高、偏低、不变)。

70.引起发生共沉淀现象的原因有_____、_____和_____。

71.沉淀重量法中,一般同离子效应会使沉淀溶解度_____,但若沉淀剂的加入量过大,则会产生_____,此时,沉淀的溶解度将会_____。

72.影响沉淀溶解度的主要因素有_____、_____、_____和_____。

73.$BaSO_4$ 重量法测定 Ba^{2+} 的含量时,若 Fe^{3+}、Cl^-、NO_3^- 等离子与之共存,则_____离子严重影响 $BaSO_4$ 沉淀的纯度。

74.沉淀重量法的基本操作是指沉淀的_____、_____及_____。

75.采用 $BaSO_4$ 重量法测定 $BaCl_2$ 纯度时,若沉淀中包藏了 H_2SO_4,则其结果_____(偏高、偏低或不变)。

76.用沉淀重量法测定 Ba^{2+} 时,若以 H_2SO_4 为沉淀剂,为避免沉淀时溶液的饱和度过大,可以采取的措施有_____、_____和_____。

77.沉淀重量法中,恒重的概念是指连续干燥两次,其质量差应在_____mg 以下。

78.吸收曲线又称吸收光谱,是以_____为横坐标、_____为纵坐标所描绘的曲线。

79.按照朗伯-比尔定律,浓度 c 与吸光度 A 之间的关系应是一条通过原点的直线,事实上容易发生线性偏离,导致偏离的原因有_____和_____。

80.用分光光度法测量时,通常选择_____作测定波长,此时,试样溶液浓度的较小变化将使吸光度产生_____改变。

81.分光光度计的类型繁多,但都是由_____、_____、_____、_____、_____基本部件组成。

82.通常把有色物质与显色剂的最大吸收波长之差 $\Delta\lambda_{max}$ 称为_____,分光光度法要求 $\Delta\lambda_{max} >$ _____ nm。

83.甲基红的变色 pH 值范围是_____。

实验习题

125

附　录

附录1　元素的相对原子质量

元素		原子序数	相对原子质量	元素		原子序数	相对原子质量
符号	名称			符号	名称		
Ac	锕	89	227.0278	N	氮	7	[14.00643,14.00728]
Ag	银	47	107.87	Na	钠	11	22.98976928(2)
Al	铝	13	26.9815386(8)	Nb	铌	41	92.90638(2)
Ar	氩	18	39.948(1)	Nd	钕	60	144.242(3)
As	砷	33	74.92160(2)	Ne	氖	10	20.1797(6)
Au	金	79	196.966569(4)	Ni	镍	28	58.6934(4)
B	硼	5	[10.806,10.821]	Np	镎	93	237.0482
Ba	钡	56	137.327(7)	O	氧	8	[15.99903,15.99977]
Be	铍	4	9.012182(3)	Os	锇	76	190.23(3)
Bi	铋	83	208.98040(1)	P	磷	15	30.973762(2)
Br	溴	35	[79.901,79.907]	Pa	镤	91	231.03588(2)
C	碳	6	[12.0096,12.0116]	Pb	铅	82	207.2(1)
Ca	钙	20	40.078(4)	Pd	钯	46	106.42(1)
Cd	镉	48	112.411(8)	Pr	镨	59	140.90765(2)
Ce	铈	58	140.116(1)	Pt	铂	78	195.084(9)
Cl	氯	17	[35.446,35.457]	Ra	镭	88	226.0254
Co	钴	27	58.933195(5)	Rb	铷	37	85.4678(3)
Cr	铬	24	51.9961(6)	Re	铼	75	186.207(1)
Cs	铯	55	132.9054519(2)	Rh	铑	45	102.90550(2)
Cu	铜	29	63.546(3)	Ru	钌	44	101.07(2)
Dy	镝	66	162.500(1)	S	硫	16	[32.059,32.072]
Er	铒	68	167.259(3)	Sb	锑	51	121.760(1)
Eu	铕	63	151.964(1)	Sc	钪	21	44.955912(6)
F	氟	9	18.9984032(5)	Se	硒	34	78.96(3)
Fe	铁	26	55.845(2)	Si	硅	14	[28.084,28.086]
Ga	镓	31	69.723(1)	Sm	钐	62	150.36(2)
Gd	钆	64	157.25(3)	Sn	锡	50	118.710(7)
Ge	锗	32	72.630(8)	Sr	锶	38	87.62(1)
H	氢	1	[1.007,1.009]	Ta	钽	73	180.94788(2)
He	氦	2	4.003	Tb	铽	65	158.92535(2)
Hf	铪	72	178.49(2)	Te	碲	52	127.60(3)
Hg	汞	80	200.592(3)	Th	钍	90	232.03806(2)
Ho	钬	67	164.93032(2)	Ti	钛	22	47.867(1)
I	碘	53	126.90447(3)	Tl	铊	81	[204.382,204.385]

元素		原子序数	相对原子质量	元素		原子序数	相对原子质量
符号	名称			符号	名称		
In	铟	49	114.818(1)	Tm	铥	69	168.93421(2)
Ir	铱	77	192.217(3)	U	铀	92	238.02891(3)
K	钾	19	39.0983(1)	V	钒	23	50.9415(1)
Kr	氪	36	83.798(2)	W	钨	74	183.84(1)
La	镧	57	138.90547(7)	Xe	氙	54	131.293(6)
Li	锂	3	[6.938,6.997]	Y	钇	39	88.90585(2)
Lu	镥	71	174.9668(1)	Yb	镱	70	173.054(5)
Mg	镁	12	[24.304,24.307]	Zn	锌	30	65.38(2)
Mn	锰	25	54.938045(5)	Zr	锆	40	91.224(2)
Mo	钼	42	95.96(2)				

附 录

附录 2 化合物的相对分子质量

化合物	相对分子质量	化合物	相对分子质量
Ag_3AsO_4	462.53	CO_2	44.01
$AgBr$	187.77	$CO(NH_2)_2$	60.06
$AgCl$	143.32	$CaCO_3$	100.09
$AgCN$	133.91	CaC_2O_4	128.10
Ag_2CrO_4	331.73	$CaCl_2$	110.99
AgI	234.77	$CaCl_2 \cdot 6H_2O$	219.09
$AgNO_3$	169.88	$Ca(NO_3)_2 \cdot 4H_2O$	236.16
$AgSCN$	165.96	CaO	56.08
$Al(C_9H_6NO)_3$	459.44	$Ca(OH)_2$	74.10
$AlCl_3$	133.33	$Ca_3(PO_4)_2$	310.18
$AlCl_3 \cdot 6H_2O$	241.43	$CaSO_4$	136.15
$Al(NO_3)_3$	213.01	$CdCO_3$	172.41
$Al(NO_3)_3 \cdot 9H_2O$	375.19	$CdCl_2$	183.33
Al_2O_3	101.96	CdS	144.47
$Al(OH)_3$	78.00	$Ce(SO_4)_2$	332.24
$Al_2(SO_4)_3$	342.17	$Ce(SO_4)_2 \cdot 4H_2O$	404.30
$Al_2(SO_4)_3 \cdot 18H_2O$	666.46	$CoCl_2$	129.84
As_2O_3	197.84	$CoCl_2 \cdot 6H_2O$	237.93
As_2O_5	229.84	$Co(NO_3)_2$	182.94
As_2S_3	246.05	$Co(NO_3)_2 \cdot 6H_2O$	291.03
$BaCO_3$	197.31	CoS	90.99
BaC_2O_4	225.32	$CoSO_4$	154.99
$BaCl_2$	208.24	$CoSO_4 \cdot 7H_2O$	281.10
$BaCl_2 \cdot 2H_2O$	244.24	$CrCl_3$	158.36
$BaCrO_4$	253.32	$CrCl_3 \cdot 6H_2O$	266.45
BaO	153.33	$Cr(NO_3)_3$	238.01
$Ba(OH)_2$	171.32	Cr_2O_3	151.99
$BaSO_4$	233.37	$CuCl$	99.00
$BiCl_3$	315.33	$CuCl_2$	134.45
$BiOCl$	260.43	$CuCl_2 \cdot 2H_2O$	170.48
CH_3COOH	60.05	CuI	190.45
CH_3COONH_4	77.08	$Cu(NO_3)_2$	187.56
CH_3COONa	82.03	$Cu(NO_3)_2 \cdot 3H_2O$	241.60
$CH_3COONa \cdot 3H_2O$	136.08	CuO	79.55

化合物	相对分子质量	化合物	相对分子质量
Cu_2O	143.09	HNO_3	63.02
CuS	95.62	H_2O	18.02
$CuSCN$	121.62	H_2O_2	34.02
$CuSO_4$	159.62	H_3PO_4	97.99
$CuSO_4 \cdot 5H_2O$	249.68	H_2S	34.08
$FeCl_2$	126.75	H_2SO_3	82.09
$FeCl_2 \cdot 4H_2O$	198.81	H_2SO_4	98.09
$FeCl_3$	162.21	$Hg(CN)_2$	252.63
$FeCl_3 \cdot 6H_2O$	270.30	$HgCl_2$	271.50
$FeNH_4(SO_4)_2 \cdot 12H_2O$	482.22	Hg_2Cl_2	472.09
$Fe(NO_3)_3$	241.86	HgI_2	454.40
$Fe(NO_3)_3 \cdot 9H_2O$	404.01	$Hg(NO_3)_2$	324.60
FeO	71.85	$Hg_2(NO_3)_2$	525.19
Fe_2O_3	159.69	$Hg_2(NO_3)_2 \cdot 2H_2O$	561.22
Fe_3O_4	231.55	HgO	216.59
$Fe(OH)_3$	106.87	HgS	232.65
FeS	87.92	$HgSO_4$	296.67
Fe_2S_3	207.91	Hg_2SO_4	497.27
$FeSO_4$	151.91	$KAl(SO_4)_2 \cdot 12H_2O$	474.41
$FeSO_4 \cdot 7H_2O$	278.03	KBr	119.00
$FeSO_4 \cdot (NH_4)_2SO_4 \cdot 6H_2O$	392.17	$KBrO_3$	167.00
H_3AsO_3	125.94	KCN	65.12
H_3AsO_4	141.94	K_2CO_3	138.21
H_3BO_3	61.83	KCl	74.55
HBr	80.91	$KClO_3$	122.55
HCN	27.03	$KClO_4$	138.55
$HCOOH$	46.03	K_2CrO_4	194.19
H_2CO_3	62.03	$K_2Cr_2O_7$	294.18
$H_2C_2O_4$	90.04	$K_3Fe(CN)_6$	329.25
$H_2C_2O_4 \cdot 2H_2O$	126.07	$K_4Fe(CN)_6$	368.35
HCl	36.46	$KFe(SO_4)_2 \cdot 12H_2O$	503.23
HF	20.01	$KHC_2O_4 \cdot 12H_2O$	146.15
HI	127.91	$KHC_2O_4 \cdot H_2C_2O_4 \cdot 2H_2O$	254.19
HIO	143.93	$KHC_4H_4O_6$	188.18
HIO_3	175.91	$KHC_8H_4O_4$	204.22
HNO_2	47.02	$KHSO_4$	136.18

129

续表

化合物	相对分子质量	化合物	相对分子质量
KI	166.00	$(NH_4)_2HPO_4$	132.06
KIO_3	214.00	$(NH_4)_2MoO_4$	196.01
$KIO_3 \cdot HIO_3$	389.91	NH_4NO_3	80.04
$KMnO_4$	158.03	$(NH_4)_3PO_4 \cdot 12MoO_3$	1876.35
KNO_2	85.10	$(NH_4)_2S$	68.15
KNO_3	101.10	NH_4SCN	76.13
$KNaC_4H_4O_6 \cdot 4H_2O$	282.22	$(NH_4)_2SO_4$	132.15
K_2O	94.20	NH_4VO_3	116.98
KOH	56.11	NO	30.01
K_2PtCl_6	485.99	NO_2	46.01
$KSCN$	97.18	Na_3AsO_3	191.89
K_2SO_4	174.27	$Na_2B_4O_7$	201.22
$MgCO_3$	84.32	$Na_2B_4O_7 \cdot 10H_2O$	381.42
MgC_2O_4	112.33	$NaBiO_3$	279.97
$MgCl_2$	95.22	$NaCN$	49.01
$MgCl_2 \cdot 6H_2O$	203.31	Na_2CO_3	105.99
$MgNH_4PO_4$	137.32	$Na_2CO_3 \cdot 10H_2O$	286.19
$Mg(NO_3)_2 \cdot 6H_2O$	256.43	$Na_2C_2O_4$	134.00
MgO	40.31	$NaCl$	58.41
$Mg(OH)_2$	58.33	$NaClO$	74.44
$Mg_2P_2O_7$	222.55	$NaHCO_3$	84.01
$MgSO_4 \cdot 7H_2O$	246.49	Na_2HPO_4	141.96
$MnCO_3$	114.95	$Na_2HPO_4 \cdot 12H_2O$	358.14
$MnCl_2 \cdot 4H_2O$	197.91	$NaHSO_4$	120.07
$Mn(NO_3)_2 \cdot 6H_2O$	287.06	$Na_2H_2Y \cdot 2H_2O$	272.24
MnO	70.94	$NaNO_2$	69.00
MnO_2	86.94	$NaNO_3$	85.00
MnS	87.01	Na_2O	61.98
$MnSO_4$	151.01	Na_2O_2	77.98
$MnSO_4 \cdot 4H_2O$	223.06	$NaOH$	40.00
NH_3	17.03	Na_3PO_4	163.94
$(NH_4)_2CO_3$	96.09	Na_2S	78.05
$(NH_4)_2C_2O_2$	124.10	$Na_2S \cdot 9H_2O$	240.19
$(NH_4)_2C_2O_2 \cdot H_2O$	142.12	$NaSCN$	81.08
NH_4Cl	53.49	Na_2SO_3	126.05
NH_4HCO_3	79.06	Na_2SO_4	142.05

化合物	相对分子质量	化合物	相对分子质量
$Na_2S_2O_3$	158.12	SiO_2	60.08
$Na_2S_2O_3 \cdot 5H_2O$	248.19	$SnCl_2$	189.60
$NiCl_2 \cdot 6H_2O$	237.69	$SnCl_2 \cdot 2H_2O$	225.63
$Ni(NO_3)_2 \cdot 6H_2O$	290.79	$SnCl_4$	260.50
NiO	74.69	$SnCl_4 \cdot 5H_2O$	350.58
NiS	90.76	SnO_2	150.71
$NiSO_4 \cdot 7H_2O$	280.87	SnS	150.8
P_2O_5	141.94	$SrCO_3$	147.63
$Pb(CH_3COO)_2$	325.29	SrC_2O_4	175.64
$Pb(CH_3COO)_2 \cdot 3H_2O$	379.34	$SrCrO_4$	203.62
$PbCO_3$	267.21	$Sr(NO_3)_2$	211.64
PbC_2O_4	295.22	$Sr(NO_3)_2 \cdot 4H_2O$	283.69
$PbCl_2$	278.11	$SrSO_4$	183.68
$PbCrO_4$	323.19	$TlCl$	239.84
PbI_2	461.01	U_3O_8	842.08
$Pb(NO_3)_2$	331.21	$UO_2(CH_3COO)_2 \cdot 2H_2O$	424.15
PbO	223.20	$(UO_2)_2P_2O_7$	714.00
PbO_2	239.20	$Zn(CH_3COO)_2$	183.43
Pb_3O_4	685.60	$Zn(CH_3COO)_2 \cdot 2H_2O$	219.50
$Pb_3(PO_4)_2$	811.54	$ZnCO_3$	125.39
PbS	239.27	ZnC_2O_4	153.40
$PbSO_4$	303.27	$ZnCl_2$	136.29
SO_2	64.07	$Zn(NO_3)_2$	189.39
SO_3	80.07	$Zn(NO_3)_2 \cdot 6H_2O$	297.51
$SbCl_3$	228.15	ZnO	81.38
$SbCl_5$	299.05	ZnS	97.46
Sb_2O_3	291.60	$ZnSO_4$	161.46
Sb_2S_3	339.81	$ZnSO_4 \cdot 7H_2O$	287.57
SiF_4	104.08		

附

录

附录 3　常用坩埚及适用熔剂

坩埚材质	最高使用温度/℃	适用熔剂	备注
瓷	1100	除氢氟酸、强碱、碳酸钠、焦硫酸盐外，都可使用	膨胀系数小，耐酸，价廉
刚玉	1600	碳酸钠、硫代硫酸钠等	耐高温，质坚，易碎，不耐酸
铂	1200	碱熔融、氢氟酸处理试样	质软，易划伤
银	700	苛性碱及过氧化钠熔融	高温时易氧化，不耐酸，尤其不能接触热硝酸
镍	900	过氧化钠及碱熔融	价廉，可替代银坩埚使用，不易氧化

附录 4　常用酸碱试剂的密度、物质的量浓度及质量分数

试剂名称	密度 ρ/ $(g \cdot mL^{-1})$	物质的量浓度/ $(mol \cdot L^{-1})$	质量分数
盐酸	1.18～1.19	11.6～12.4	36%～38%
硝酸	1.39～1.40	14.4～15.2	65%～68%
硫酸	1.83～1.84	17.8～18.4	95%～98%
高氯酸	1.67	11.7～12.0	70%～72%
氢氟酸	1.14	22.5	40%
氢溴酸	1.49	8.6	47%
磷酸	1.69	14.6	85%
冰醋酸	1.05	17.4	99.7%
氨水	0.88～0.90	13.3～14.8	25%～28%
浓氢氧化钠	1.43	14	40%
三乙醇胺	1.124	7.5	99.0%

附录5 常用缓冲溶液的配制

缓冲体系	pK_a	pH	配制方法
氨基乙酸-HCl	2.35*	2.3	称取氨基乙酸 150g 溶于 500mL 水中,加浓盐酸 80mL,加水稀释至 1L
H_3PO_4-柠檬酸盐		2.5	称取 $Na_2HPO_4 \cdot 12H_2O$ 113g 溶于 200mL 水中,加柠檬酸 387g,溶解,过滤后,加水稀释至 1L
一氯乙酸-NaOH	2.86	2.8	称取一氯乙酸 200g 溶于 200mL 水中,加 NaOH 40g,溶解后加水稀释至 1L
邻苯二甲酸氢钾-HCl	2.95*	2.9	称取邻苯二甲酸氢钾 500g 溶于 500mL 水中,加浓盐酸 80mL,加水稀释至 1L
NaAc-HAc	4.74	3.6	称取 $NaAc \cdot 3H_2O$ 8g 溶于适量水中,加 $6mol \cdot L^{-1}$ HAc 134mL,加水稀释至 500mL
		4.0	称取 $NaAc \cdot 3H_2O$ 20g 溶于适量水中,加 $6mol \cdot L^{-1}$ HAc 134mL,加水稀释至 500mL
		4.5	称取 $NaAc \cdot 3H_2O$ 32g 溶于适量水中,加 $6mol \cdot L^{-1}$ HAc 68mL,加水稀释至 500mL
		5.0	称取 $NaAc \cdot 3H_2O$ 50g 溶于适量水中,加 $6mol \cdot L^{-1}$ HAc 34mL,加水稀释至 500mL
		5.7	称取 $NaAc \cdot 3H_2O$ 100g 溶于适量水中,加 $6mol \cdot L^{-1}$ HAc 13mL,加水稀释至 500mL
六次甲基四胺-HCl	5.15	5.4	称取六次甲基四胺 40g 溶于 200mL 水中,加浓盐酸 10mL,加水稀释至 1L
$NH_3 \cdot H_2O$-NH_4Cl	9.26	7.5	称取 NH_4Cl 60g 溶于适量水中,加浓氨水 1.4mL,加水稀释至 500mL
		8.0	称取 NH_4Cl 50g 溶于适量水中,加浓氨水 3.5mL,加水稀释至 500mL
		8.5	称取 NH_4Cl 40g 溶于适量水中,加浓氨水 8.8mL,加水稀释至 500mL
		9.0	称取 NH_4Cl 35g 溶于适量水中,加浓氨水 24mL,加水稀释至 500mL
		9.5	称取 NH_4Cl 30g 溶于适量水中,加浓氨水 65mL,加水稀释至 500mL
		10.0	称取 NH_4Cl 27g 溶于适量水中,加浓氨水 197mL,加水稀释至 500mL
		10.5	称取 NH_4Cl 9g 溶于适量水中,加浓氨水 175mL,加水稀释至 500mL
		11	称取 NH_4Cl 3g 溶于适量水中,加浓氨水 207mL,加水稀释至 500mL
Tris-HCl	8.21	8.2	称取 Tris(三羟甲基氨基甲烷)25g 溶于水中,加浓盐酸 8mL,加水稀释至 1L

注:标 * 者均为 pK_{a_1} 值。

附录 6 常用指示剂

(1)酸碱指示剂

指示剂	变色 pH 范围	颜色变化	pK_{HIn}	浓度
百里酚蓝 (首次变色)	1.2～2.8	红～黄	1.65	0.1％的 20％乙醇溶液
甲基黄	2.9～4.0	红～黄	3.3	0.1％的 90％乙醇溶液
甲基橙	3.1～4.4	红～黄	3.4	0.05％的水溶液
溴酚蓝	3.1～4.6	黄～紫	4.1	0.1％的 20％乙醇溶液或其钠盐水溶液
溴甲酚绿	4.0～5.6	黄～蓝	4.9	0.1％的 20％乙醇溶液或其钠盐水溶液
甲基红	4.4～6.2	红～黄	5.2	0.1％的 60％乙醇溶液或其钠盐水溶液
溴白里酚蓝	6.2～7.6	黄～蓝	7.3	0.1％的 20％乙醇溶液或其钠盐水溶液
中性红	6.8～8.0	红～黄橙	7.4	0.1％的 60％乙醇溶液
苯酚红	6.7～8.4	黄～红	8.0	0.1％的 60％乙醇溶液或其钠盐水溶液
酚酞	8.0～10.0	无～红	9.1	0.1％的 90％乙醇溶液
百里酚蓝 (二次变色)	8.0～9.6	黄～蓝	8.9	0.1％的 20％乙醇溶液
百里酚酞	9.4～10.6	无～蓝	10.0	0.1％的 90％乙醇溶液

(2)混合指示剂

指示剂溶液的组成	变色时 pH 值	颜色 酸色	颜色 碱色	备　　注
1 份 0.1％甲基黄乙醇溶液 1 份 0.1％次甲基蓝乙醇溶液	3.25	蓝紫	绿	pH＝3.2　蓝紫色 pH＝3.4　绿色
1 份 0.1％甲基橙水溶液 1 份 0.25％靛蓝二磺酸水溶液	4.1	紫	黄绿	
1 份 0.1％溴甲酚绿钠盐水溶液 1 份 0.2％甲基橙水溶液	4.3	橙	蓝绿	pH＝3.5　黄色 pH＝4.05　绿色 pH＝4.3　蓝绿色
3 份 0.1％溴甲酚绿乙醇溶液 1 份 0.2％甲基红乙醇溶液	5.1	酒红	绿	
1 份 0.1％溴甲酚绿钠盐水溶液 1 份 0.1％氯酚红钠盐水溶液	6.1	黄绿	蓝紫	pH＝5.4　蓝绿色 pH＝5.8　蓝色 pH＝6.0　蓝带紫 pH＝6.2　蓝紫色

指示剂溶液的组成	变色时pH值	颜色		备 注
		酸色	碱色	
1份 0.1%中性红乙醇溶液 1份 0.1%次甲基蓝乙醇溶液	7.0	蓝紫	绿	pH＝7.0 紫蓝
1份 0.1%甲酚红钠盐水溶液 3份 0.1%百里酚蓝钠盐水溶液	8.3	黄	紫	pH＝8.2 玫瑰红 pH＝8.4 清晰的紫色
1份 0.1%百里酚蓝 50%乙醇溶液 3份 0.1%酚酞 50%乙醇溶液	9.0	黄	紫	从黄到绿,再到紫
1份 0.1%酚酞乙醇溶液 1份 0.1%百里酚酞乙醇溶液	9.9	无	紫	pH＝9.6 玫瑰红 pH＝10 紫色
2份 0.1%百里酚酞乙醇溶液 1份 0.1%茜素黄R乙醇溶液	10.2	黄	紫	

(3)配位滴定指示剂

名 称	配 制	用 于 测 定		
		元素	颜色变化	测定条件
酸性铬蓝K	0.1%乙醇溶液	Ca Mg	红～蓝 红～蓝	pH＝12 pH＝10(氨性缓冲溶液)
钙指示剂	与NaCl配成1:100的固体混合物	Ca	酒红～蓝	pH＞12(KOH或NaOH)
铬天青S	0.4%水溶液	Al Cu Fe(Ⅱ) Mg	紫～黄橙 蓝紫～黄 蓝～橙 红～黄	pH＝4(醋酸缓冲溶液),热 pH＝6～6.5(醋酸缓冲溶液) pH＝2～3 pH＝10～11(氨性缓冲溶液)
二硫腙	0.03%乙醇溶液	Zn	红～绿紫	pH＝4.5,50%乙醇溶液
铬黑T	与NaCl配成1:100的固体混合物	Al Bi Ca Cd Mg Mn Ni Pb Zn	蓝～红 蓝～红 红～蓝 红～蓝 红～蓝 红～蓝 红～蓝 红～蓝 红～蓝	pH＝7～8,吡啶存在下,以Zn^{2+}回滴 pH＝9～10,以Zn^{2+}回滴 pH＝10,加入EDTA-Mg pH＝10(氨性缓冲溶液) pH＝10(氨性缓冲溶液) 氨性缓冲溶液,加羟胺 氨性缓冲溶液 氨性缓冲溶液,加酒石酸钾 pH＝6.8～10(氨性缓冲溶液)
紫脲酸胺	与NaCl配成1:100的固体混合物	Ca Co Cu Ni	红～紫 黄～紫 黄～紫 黄～紫红	pH＞10(NaOH),25%乙醇 pH＝8～10(氨性缓冲溶液) pH＝7～8(氨性缓冲溶液) pH＝8.5～11.5(氨性缓冲溶液)

附录

续表

名　称	配　制	用　于　测　定		
		元素	颜色变化	测　定　条　件
1-(2-吡啶偶氮)-2-萘酚 (PAN)	0.1%乙醇（或甲醇）溶液	Cd	红～黄	pH＝6（醋酸缓冲液）
		Co	黄～红	醋酸缓冲溶液，70～80℃，以 Cu^{2+} 回滴
		Cu	紫～黄	pH＝10（氨性缓冲溶液）
			红～黄	pH＝6（醋酸缓冲液）
		Zn	粉红～黄	pH＝5～7（醋酸缓冲液）
4-(2-吡啶偶氮)间苯二酚 (PAR)	0.05%或0.2%水溶液	Bi	红～黄	pH＝1～2（HNO_3）
		Cu	红～黄（绿）	pH＝5～11（六次甲基四胺，氨性缓冲溶液）
		Pb	红～黄	六次甲基四胺或氨性缓冲溶液
邻苯二酚紫	0.1%水溶液	Cd	蓝～红紫	pH＝10（氨性缓冲溶液）
		Co	蓝～红紫	pH＝8～9（氨性缓冲溶液）
		Cu	蓝～黄绿	pH＝6～7（吡啶溶液）
		Fe(Ⅱ)	黄绿～蓝	pH＝6～7，吡啶存在下，以 Cu^{2+} 回滴
		Mg	蓝～红紫	pH＝10（氨性缓冲溶液）
		Mn	蓝～红紫	pH＝9（氨性缓冲溶液），加羟胺
		Pb	蓝～黄	pH＝5.5（六次甲基四胺）
		Zn	蓝～红紫	pH＝10（氨性缓冲溶液）
磺基水杨酸	1%～2%水溶液	Fe(Ⅱ)	红紫～黄	pH＝1.5～2
试钛灵	2%水溶液	Fe(Ⅱ)	蓝～黄	pH＝2～3（醋酸热溶液）
二甲酚橙 (XO)	0.5%乙醇（或水）溶液	Bi	红～黄	pH＝1～2（HNO_3）
		Cd	粉红～黄	pH＝5～6（六次甲基四胺）
		Pb	红紫～黄	pH＝5～6（醋酸缓冲溶液）
		Th(Ⅳ)	红～黄	pH＝1.6～3.5（HNO_3）
		Zn	红～黄	pH＝5～6（醋酸缓冲溶液）

(4)氧化还原指示剂

序号	名称	氧化型颜色	还原型颜色	E_{ind}/V	浓度
1	二苯胺	紫	无色	＋0.76	1%浓硫酸溶液
2	二苯胺磺酸钠	紫红	无色	＋0.84	0.2%水溶液
3	亚甲基蓝	蓝	无色	＋0.532	0.1%水溶液
4	中性红	红	无色	＋0.24	0.1%乙醇溶液
5	喹啉黄	无色	黄	—	0.1%水溶液
6	淀粉	蓝	无色	＋0.53	0.1%水溶液
7	孔雀绿	棕	蓝	—	0.05%水溶液
8	劳氏紫	紫	无色	＋0.06	0.1%水溶液
9	邻二氮菲-亚铁	浅蓝	红	＋1.06	1.485g邻二氮菲和0.695g硫酸亚铁溶于100mL水
10	酸性绿	橘红	黄绿	＋0.96	0.1%水溶液
11	专利蓝V	红	黄	＋0.95	0.1%水溶液

(5)吸附指示剂

名　称	配　制	用　于　测　定		
		可测元素 （括号内为滴定剂）	颜色变化	测定条件
荧光黄	1％钠盐水溶液	Cl^-,Br^-,I^-,SCN^-（Ag^+）	黄绿～粉红	中性或弱碱性
二氯荧光黄	1％钠盐水溶液	Cl^-,Br^-,I^-（Ag^+）	黄绿～粉红	pH＝4.4～7
四溴荧光 黄（暗红）	1％钠盐水溶液	Br^-,I^-（Ag^+）	橙红～红紫	pH＝1～2
溴酚蓝	0.1％的20％乙 醇溶液	Cl^-,I^-（Ag^+）	黄绿～蓝	微酸性
二氯四碘 荧光黄		I^-（Ag^+）	红～紫红	加入（NH_4)$_2CO_3$, 且有 Cl^- 存在
罗丹明6G		Ag^+（Br^-）	橙红～红紫	0.3mol·L^{-1} HNO_3 溶液
二苯胺		Cl^-,Br^-,I^-,SCN^-（Ag^+）	紫～绿	有 I_2 或 VO_3^- 存在
酚藏花红		Cl^-,Br^-（Ag^+）	红～蓝	无特定使用范围

附录7　定量分析化学实验常用仪器清单

(1)学生领用仪器与材料

名　称	规　格	名　称	规　格	名　称	规　格
酸式滴定管	50mL	称量瓶	25mm×25mm	量筒	10mL
碱式滴定管	50mL	试剂瓶	1000mL		100mL
容量瓶	100mL	烧杯	100mL	铁丝网	16mm×16mm
	250mL		250mL	洗耳球	
移液管	10mL	锥形瓶	250mL	牛角匙	
	25mL	洗瓶	500mL	长颈漏斗	
吸量管	5mL	表面皿	7～8cm	玻璃棒	
	2mL		11～12cm		
	1mL	石棉网	16mm×16mm		

(2)公用仪器与材料

分析天平,电炉,滴定台,滴定管架,恒温干燥箱,气流烘干器,分光光度计,定性滤纸,定量滤纸,坩埚,坩埚钳,玻璃干燥器,试管刷。

附

录

附录8 常用分析化学术语(汉英对照)

中文术语	英文术语	中文术语	英文术语
分析化学	analytical chemistry	原子荧光分光光度法	atomic fluorescence spectrophotometry
定性分析	qualitative analysis		
定量分析	quantitative analysis	分子荧光分析法	molecular fluorometry
仪器分析	instrumental analysis	红外吸收光谱法	infrared absorption spectroscopy
普朗克常数	Planck constant	红外分光光度法	infrared spectrophotometry
电磁波谱	electromagnetic spectrum	核磁共振	nuclear magnetic resonance
光谱	spectrum		
光谱分析法	spectra methods	色谱法(层析法)	chromatography
电化学分析	electrochemical analysis	固定相	stationary phase
电解法	electrolytic method	流动相	mobile phase
电重量法	electrogravimetry	气相色谱法	gas chromatography
库仑法	coulometry	液相色谱法	liquid chromatography
库仑滴定法	coulometric titration	气-固色谱法	GSC
电导法	conductometry	气-液色谱法	GLC
电导分析法	conductometric analysis	液-固色谱法	LSC
电导滴定法	conductometric titration	液-液色谱法	LLC
电位法	potentiometry	柱色谱法	column chromatography
原子光谱法	atomic spectrometry	填充柱	packed column
原子吸收分光光度法	atomic absorption spectrophotometry	毛细管柱	capillary column
		高效液相色谱法	HPLC
原子发射分光光度法	atomic emission spectrophotometry	相对误差	relative error
		系统误差	systematic error
可定误差	determinate error	电荷平衡式	charge balance equation
随机误差	accidental error	质量平衡	mass balance
乙二胺四乙酸	ethylenediamine tetraacetic acid	物料平衡	material balance
		质量平衡式	mass balance equation
螯合物	chelate compound	酸碱滴定法	acid-base titration
金属指示剂	metallochrome indicator	质子自递反应	autoprotolysis reaction
氧化还原滴定法	oxidation-reduction titration	质子自递常数	autoprotolysis constant
		质子平衡式	proton balance equation

中文术语	英文术语	中文术语	英文术语
碘量法	iodimetry	酸碱指示剂	acid-base indicator
铈量法	cerimetry	指示剂常数	indicator constant
高锰酸钾法	potassium permanganate method	变色范围	colour change interval
		混合指示剂	mixed indicator
条件电位	conditional potential	双指示剂滴定法	double indicator titration
溴酸钾法	potassium bromate method	非水滴定法	non-aqueous titration
硫酸铈法	cerium sulphate method	质子溶剂	protonic solvent
重铬酸钾法	potassium dichromate method	酸性溶剂	acid solvent
		碱性溶剂	basic solvent
沉淀滴定法	precipitation titration	两性溶剂	amphoteric solvent
准确度	accuracy	无质子溶剂	aprotic solvent
精确度	precision	均化效应	homogenization effect
偏差	deviation	区分性溶剂	differentiating solvent
平均偏差	average deviation	离子化	ionization
相对平均偏差	relative average deviation	离解	dissociation
标准偏差	standard deviation	配位滴定法	complexometry
相对标准偏差	relative standard deviation	沉淀形式	precipitation forms
变异系数	coefficient of variation	称量形式	weighing forms
误差传递	error propagation	容量滴定法	volumetric titration
有效数字	significant figure	银量法	argentometry
置信水平	confidence level	重量分析法	gravimetric analysis
显著性水平	level of significance	挥发法	volatilization method
舍弃商	rejection quotient	液-液萃取法	liquid-liquid extraction
滴定分析法	titrametric analysis	溶剂萃取法	solvent extraction
滴定	titration	反萃取	back extraction
容量分析法	volumetric analysis	分配系数	partition coefficient
化学计量点	stoichiometric point	分配比	distribution ratio
等当点	equivalent point		
电荷平衡	charge balance		

附

录

参考文献

[1] Wieser M E,Holden N,Coplen T B,et al. Actomic weights of the elements 2011 (IUPAC Technical Report)[J]. Pure and Applied Chemistry,2003,85(5):1047-1078.

[2] 蔡明招,刘建宇.分析化学实验[M].2版.北京:化学工业出版社,2012.

[3] 钢铁及合金化学分析方法 钽试剂萃取光度法测定钒含量[S].GB/T 223.14—2000.

[4] 工业用甲醛溶液甲醛含量的测定[S].ISO 2227—1972.

[5] 国家药典委员会.中华人民共和国药典:2020版[M].北京:化学工业出版社,2020.

[6] 胡伟光,张文英.定量化学分析实验[M].3版.北京:化学工业出版社,2015.

[7] 华中师范大学,东北师范大学,陕西师范大学,等.分析化学实验[M].4版.北京:高等教育出版社,2015.

[8] 金建忠.基础化学实验[M].杭州:浙江大学出版社,2009.

[9] 李志林,赵晓珑,焦运红.无机及分析化学实验[M].2版.北京:化学工业出版社,2016.

[10] 南京大学.无机及分析化学实验[M].5版.北京:高等教育出版社,2015.

[11] 食品安全国家标准 食品中亚硝酸盐与硝酸盐的测定[S].GB/T 5009.33—2010.

[12] 水质 铅的测定 双硫腙分光光度法[S].GB 7470—87.

[13] 四川大学化学工程学院,浙江大学化学系.分析化学实验[M].4版.北京:高等教育出版社,2015.

[14] 汤又文.基础化学实验:分析化学实验[M].北京:化学工业出版社,2008.

[15] 王冬梅.分析化学实验[M].2版.武汉:华中科技大学出版社,2017.

[16] 王庆华,张茂升,黄春阳.催化 $NaIO_4$ 氧化考马斯亮蓝 G 褪色光度法测定痕量锰[J].漳州师范学院学报(自然科学版),2003,16(4):73-76.

[17] 王秋长,赵鸿喜,张守民,等.基础化学实验[M].北京:科学出版社,2003.

[18] 武汉大学.分析化学实验[M].6版.北京:高等教育出版社,2021.

[19] 杨春文,王康英.分析化学实验[M].兰州:兰州大学出版社,2007.

[20] 姚思童,张进.现代分析化学实验[M].北京:化学工业出版社,2008.

[21] 俞斌,姚成,吴文源.无机与分析化学教程[M].3版.北京:化学工业出版社,2014.

[22] 曾元儿,张凌.分析化学实验[M].北京:科学出版社,2007.

[23] 庄京,林金明.基础分析化学实验[M].北京:高等教育出版社,2007.